TANJA KÖHLER

Border Collie

Praxiswissen Hund

AUSWAHL, HALTUNG,
ERZIEHUNG, BESCHÄFTIGUNG

KOSMOS

☞ *Inhalt*

SO SIND BORDER COLLIES — *Geschichte und Wesen*

ENTSTEHUNGSGESCHICHTE

Die Geschichte des Border Collies beginnt in Großbritannien, im Grenzgebiet zwischen England und Schottland, den Border Countries. Dort wurden Hunde gebraucht, die mit den klimatischen Bedingungen und dem Hüten der zum Teil recht eigenwilligen Schafe zurechtkamen.

Die Arbeitsweise der Border Collies ist lautlos.

Diese Hunde mussten daher robust, wetterfest, intelligent, feinfühlig und kooperativ sein und sollten keinen schweren Körperbau haben.

Old Hemp, vermutlich der Urvater unserer heutigen Border Collies, lebte von 1893 bis 1901 und war aufgrund seiner herausragenden Hüte-Eigenschaften als Zuchtrüde seinerzeit zunehmend gefragt. Old Hemp befand sich im Besitz des Züchters Adam Telfer, bei dem er als Arbeitshund Schafe hütete und dabei einen auffallend ruhigen Arbeitsstil zeigte.

Eine erste Beschreibung einer „lautlosen, gedruckten Arbeitsweise" der Farmhunde wurde 1570 schriftlich dokumentiert. Die Farmer lernten ihre fleißigen Helfer, die Border Collies, mehr und mehr zu schätzen. Sie waren sehr stolz auf ihre Hunde und setzten sehr viel Ehrgeiz daran, überragende Hütehunde auszubilden und zu besitzen. Im Jahr 1873 wurde dann erstmals ein Sheepdog-Trial in Wales veranstaltet, bei dem die Hunde ihre Leistungen im Wettbewerb zeigen konnten.

Die „International Sheep Dog Society" (ISDS) vertritt bis heute die Interessen von Border Collie Züchtern und fördert die Zucht von gut veranlagten Hütehunden. Hierbei zählt allein die Qualität der Arbeit am Schaf bei der richterlichen Bewertung der Hunde.

Anfangs wurden lediglich schwarz-weiße und dreifarbige Hunde in das Zuchtbuch eingetragen, doch schon bald kamen weitere Farbvarianten dazu. 1976 wurde der Border Collie vom Kennel Club in London als Rasse anerkannt. Nachdem die FCI diesen Schritt genehmigt hatte, war es für den Club für britische Hütehunde ab 1978 möglich, die zuchtbuchmäßige Betreuung übernehmen.

DIE ZUCHTRICHTUNGEN

Bei allen Rassen, bei denen es zu der sogenannten Showlinie noch eine klassische Arbeitslinie gibt, sollte man sich vor der Anschaffung eines Hundes dieser Rasse über die unterschiedlichen Zuchtrichtungen informieren.

Beim Border Collie ist der Unterschied sehr ausgeprägt, denn nicht nur optisch, sondern auch genetisch haben sich diese beiden Linien weit auseinanderentwickelt.
Vergleicht man einen eher etwas plumpen, kurzbeinigen und plüschigen Border Collie aus einer Showlinie mit einem oft kurzhaarigen und athletischen, hochbeinigen, schlanken Border Collie aus einer Arbeitslinie, haben diese zwei Hunde optisch und auch in ihrem Wesen wenig gemeinsam.
Es gibt aktuell zwei, eigentlich aber drei Zuchtrichtungen des Border Collies, deren zum Teil gravierende Unterschiede ich Ihnen hier erklären möchte.

DIE KLASSISCHE ARBEITSLINIE

Die International Sheep Dog Society (ISDS) vertritt die Interessen der Border Collie-Züchter und fördert die Zucht von gut veranlagten Border Collies.
Dabei zählt allein die Qualität in der Arbeit an und mit den Schafen bei der Bewertung eines Hundes. In Deutschland begannen die Schäfer, sich in den 1980er Jahren für den Border Collie zu interessieren und fanden immer mehr Gefallen an seiner Arbeitsweise und seinem Wesen.
Gerade weil Border Collies lange Zeit nach ihrer Hüte- und Arbeitsqualität und nicht nach optischen Merkmalen oder gar Vorgaben durch einen Zuchtverband ausgewählt wurden, sind sie bis heute eine einzigartige Hunderasse, in der man noch reine Arbeitslinien findet.
In Deutschland ist die Arbeitsgemeinschaft Border Collie Deutschland e.V. für die Erhaltung der Arbeitseigenschaften des Border Collies zuständig. Die ABCD hat es sich zur Aufgabe gemacht, Ausbildung, Zucht und Leistungsprüfungen des Border Collies als Koppelgebrauchshund in Deutschland zu fördern und organisieren. Sie ist der ISDS in Großbritannien angeschlossen.
Der Verein ist für alle Fragen der Zucht arbeitender Border Collies zuständig und führt in Zusammenarbeit mit der ISDS das Zuchtbuch. Das Zuchtziel in der ABCD ist der arbeitende Border Collie; ein Hund, der durch seine typische Arbeitsweise, durch mentale und körperliche Ausdruckskraft das Vieh kontrolliert.
In charakteristischer Arbeitshaltung – geduckt mit tief getragener Rute – schleicht er sich regelrecht heran, fixiert das Vieh und hält so völlig lautlos die Herde zusammen oder treibt sie von A nach B.
Neben dem Erhalt und der Optimierung von Arbeitseigenschaften strebt der Verein das Fortbestehen gesunder und damit lange arbeitsfähiger Hunde an. Zuchthunde werden auf HD und erbliche Krankheiten untersucht. Auf eine Bewertung des Exterieurs wird zugunsten von leistungs- und gesundheitsbezogenen Merkmalen verzichtet.

Border Collies zeigen viel Auge.

DIE SHOWLINIE (ZUCHT ÜBER DEN VDH/FCI)

Im mittlerweile krassen Gegensatz zur Arbeitslinie werden auch Border Collies der sogenannten Showlinie gezüchtet.
Es geht darum, einem vorgegebenen Schönheitsideal im Hinblick auf Felllänge und Fellfarbe, Figur, Kopf- und Ohrenform, Augenfarbe und anderen optischen Kriterien zu entsprechen. Der Rassestandard der FCI gibt genau vor, wie ein Border Collie auszusehen und wie er sich zu bewegen hat.
Auf Ausstellungen werden die Zuchthunde ausschließlich nach ihrem Aussehen selektiert und nach Schönheit und Korrektheit des Gebäudes bewertet. Nicht relevant sind in dem Zusammenhang der Arbeitswille, die Leistungsbereitschaft und der Charakter des Hundes.
Ein erfahrener Züchter und Aussteller ist in der Lage, problematische und unerwünschte Eigenschaften seiner Hunde wie Angst, Aggression oder andere Unsicherheiten im Wesen durch gezielte Vorbereitung auf die Ausstellung und entsprechendes Training zu verbergen.
Die bevorzugt optisch geprägte Selektion veränderte von Generation zu Generation auch das Wesen der Hunde immer mehr.
Aus einem hochspezialisierten Arbeitshund sollte nun der „nette Border Collie für die Familie“ werden. Diese Rechnung geht leider nur bedingt auf.
Wer sportlich unterwegs ist, einen vielseitigen und kooperativen Hund sucht und kein Problem mit intensiver Fellpflege hat, ist mit einem Hund der sogenannten Showlinie oftmals ganz gut beraten.
Für den großen ambitionierten Hundesport, wie beispielsweise Agility oder Flyball, ist ein Border Collie aus einer Showlinie allerdings oft zu plump und schwerfällig. Zusätzlich leidet er aufgrund des üppigen Fells gerade bei höheren Temperaturen enorm.

Klassische Arbeitslinie in Kurzhaar.

Bei Hunden aus Showlinien steht das optische Erscheinungsbild im Vordergrund.

DIE MISCHLINIE

Sie wird auch Sportlinie genannt. Diese Linie wird vom VDH/FCI und den Arbeitslinienverbänden kritisch gesehen, erfreut sich aber dennoch immer größerer Beliebtheit.

Mein Herz gehört allerdings genau diesen Hunden, die ich selbst züchte. Diese Linie vereint die Arbeitslinie mit entsprechender Triebstärke und hoher Arbeitsbereitschaft mit der etwas gemäßigteren Showlinie. Im besten Fall bekommt man auf diese Weise einen „Allrounder", der eine optimale Mischung aus beiderlei Eigenschaften zeigt.

Diese Linien werden in kleinen Verbänden gezüchtet (Dissidenz-Verbänden). Natürlich findet man auch hier sehr gute und verantwortungsvolle Züchter.

Die Hunde der Mischlinie werden im Hundesport oft sehr erfolgreich geführt, denn sie besitzen Arbeitseifer, sind äußerst kooperativ und konzentriert, und verfügen darüber hinaus über einen leichten und wendigen Körperbau.

Viele dieser Hunde zeigen allerdings auch ein ausgeprägtes Hüte-Verhalten. Wer nicht die Möglichkeit hat, damit tatsächlich an Schafen zu arbeiten, sollte in der Lage sein, die angeborene Sensibilität für Bewegungsreize so zu lenken, dass daraus resultierende Problematiken wie z. B. das Jagen von Autos oder Fahrrädern verhindert werden.

Mischlinie mit sportlich moderatem Fell.

DAS WESEN DES BORDER COLLIES

Der Border Collie ist ein sehr intelligenter Hund mit einer extrem schnellen Auffassungsgabe und einer hohen Arbeitsbereitschaft. Er lernt Kommandos sehr schnell und ist dabei sehr eifrig, oft schon übereifrig.

AUFMERKSAM UND INTELLIGENT

Dies bedeutet leider auch, dass sie blitzschnell unerwünschtes Verhalten annehmen und inkonsequentes Verhalten des Besitzers schnell zu ihren Gunsten ausnutzen.
Berühmt aus dem TV wurde ein Border Collie namens Rico (1994-2008), da er über 250 Spielzeuge unterscheiden konnte. Rico wurde zum Objekt wissenschaftlicher Untersuchungen, die u.a. in der Fachzeitschrift „Science" veröffentlicht wurden.

BEWEGUNGSFREUDIG, TEMPERAMENTVOLL UND AUSDAUERND

Dem Ursprung entsprechend gezüchtet, um Schafe über weite Flächen zu bewegen, hat der Border Collie eine sehr gute Ausdauer. Er braucht natürlich regelmäßige längere Pausen, um körperlich und geistig zu regenerieren.
Jeder Border Collie sollte im Rahmen einer sinnvollen Aufgabe seine Bewegungsfreude ausleben dürfen. Dennoch sollte man auch die Kopfarbeit beim Border Collie nicht vernachlässigen.
Ausgewogen ausgelastet und vernünftig erzogen ist der Border Collie ein freundlicher, wenn auch temperamentvoller Mitbewohner.
Auf Inkonsequenz, übermäßige Härte und Vernachlässigung der individuellen Bedürfnisse reagiert dieser sensible Hund oftmals mit schwerwiegenden Verhaltensauffälligkeiten, die nur schwer wieder zu beheben sind.
Das sensible Naturell des Border Collies hat den Ursprung in seiner Geschichte, denn nur die empfindsamen und guten Beobachter der Rasse waren in der Lage, die Signale der Schäfer auch aus großer Distanz zu erkennen, zu verstehen und möglichst schnell umzusetzen.
So sind Feinfühligkeit, Intelligenz und Reaktionsschnelligkeit bei dieser Rasse genetisch verankert und sind als Zuchtziel weiterhin erwünscht.

ANHÄNGLICH

Der Border Collie ist sehr anhänglich und bindet sich sehr eng an seinen Menschen. Man hat das Gefühl, der Border Collie folgt einem wie ein Schatten. Diese Hunde möchten möglichst immer und überall dabei sein.

Auch Menschen können anfixiert werden.

STARK AUSGEPRÄGTER HÜTETRIEB

Hütehunde sollen zuverlässig und schnell Bewegungen und Veränderungen innerhalb der Herde registrieren; sie müssen daher stets aufmerksam sein, eigenständig und schnell reagieren und agieren. Sie sollen sowohl in der Lage sein, selbst eine Entscheidung zu treffen, als auch Anweisungen des Schäfers unverzüglich Folge zu leisten.
All diese Fähigkeiten besitzt der Border Collie in unterschiedlichen Ausprägungen noch bis heute.

Kuschelbedürftig und anhänglich.

SENSIBEL UND RESERVIERT

Fremden gegenüber ist der Border Collie oft eher zurückhaltend, abwartend, freundlich, aber nicht ängstlich.
Mit der richtigen Erziehung wird er zu einem tollen Partner in allen Lebenslagen.
Natürlich gibt es auch die anhänglichen Border Collies, die offen auch Menschen zugehen. Das kommt auf den individuellen Charakter an.

Fokussiert bei der Arbeit.

DIE FARBEN DES BORDER COLLIES

„Ein guter Hund hat keine Farbe" halte ich für sehr zutreffend und ist mir sehr wichtig. Gerade in der Zucht finde ich die Farbzucht sehr bedenklich, denn das Interieur und das Exterieur sollten züchterisch deutlich mehr ins Gewicht fallen als die Farbe der Welpen, die man züchtet.

Als gewissenhafter Züchter ist man bestrebt, den perfekten Rüden für seine Hündin zu finden. Er soll charakterlich zur Hündin passen, gegebenenfalls kleinere Fehler der Hündin ausgleichen, sowohl von körperlicher Seite, als auch vom Temperament oder dem Arbeitswillen her gesehen. Keinesfalls sollte die Fellfarbe hier von besonderer Bedeutung sein. Die Vielzahl der nachfolgend aufgeführten Fellfarben wurden hauptsächlich von der Showlinienzucht gefördert.

BLACK/WHITE

Die Grundfarbe des Fells ist schwarz. Zusätzlich hat der Hund weiße Abzeichen.

BLACK/WHITE/TAN

Die Grundfarbe des Fells ist schwarz. Zusätzlich hat der Hund weiße Abzeichen, sowie tanfarbene Abzeichen im Gesicht (meist an den Wangen und über den Augen) und unter der Rute. Weitere Stellen in Tan sind möglich.

BLACK/MERLE

Die Grundfarbe des Fells ist schwarz mit typischen Merle-Schattierungen. Zusätzlich können weiße Abzeichen vorhanden sein.

BLACK/MERLE/TAN

Die Grundfarbe des Fells ist schwarz mit typischen Merle-Schattierungen, sowie tanfarbene Abzeichen im Gesicht (meist an den Wangen und über den Augen) und unter der Rute. Weitere Stellen in Tan sind möglich.

SEAL/WHITE

Die Grundfarbe des Fells ist schwarz mit teilweise aufgehellten Haaren/Haarspitzen in Hellbraun/Gold. Das Vorkommen am ganzen Körper ist möglich, oft seitlich an den Schultern. Zusätzlich hat der Hund weiße Abzeichen. Beim erwachsenen Hund ist die Unterwolle (z. B. in den Hosen) cremefarben.

CHOCOLATE/WHITE

Die Grundfarbe des Fells ist braun. Die Tönung kann von einem sehr satten, dunklen Braun bis zu einem hellen Braun variieren. Es gibt kein Schwarz im Fell. Zusätzlich hat der Hund weiße Abzeichen.

Black/white

Black/white/tan

Chocolate/white

Black/merle

Chocolate/white/tan

CHOCOLATE/WHITE/TAN

Die Grundfarbe des Fells ist braun, wobei die Tönung von einem sehr satten, dunklen Braun bis zu einem hellen Braun variieren kann. Zusätzlich hat der Hund weiße Abzeichen, sowie tanfarbene Abzeichen im Gesicht (meist an den Wangen und über den Augen) und unter der Rute. Weitere Stellen in Tan sind möglich. Es gibt kein Schwarz im Fell.

CHOCOLATE/MERLE

Die Grundfarbe des Fells ist braun mit typischen Merle-Schattierungen. Zusätzlich können weiße Abzeichen vorhanden sein. Es gibt kein Schwarz im Fell.

CHOCOLATE/MERLE/TAN

Die Grundfarbe des Fells ist braun mit typischen Merle-Schattierungen, sowie tanfarbene Abzeichen im Gesicht (meist an den Wangen und über den Augen) und unter der Rute. Weitere Stellen in Tan sind möglich. Zusätzlich können weiße Abzeichen am Körper vorhanden sein. Es gibt kein Schwarz im Fell.

RED/WHITE

Die Grundfarbe des Fells ist rot, wobei die Tönung von blassem Creme/Apricot über Gold bis hin zu leuchtendem Orange variieren kann. Zusätzlich hat der Hund weiße Abzeichen. Es gibt kein Schwarz im Fell.

SLATE/WHITE

Die Farbe des Fells variiert von Hellgrau bis zu einem dunklen Schiefer. Zusätzlich hat der Hund weiße Abzeichen. Es gibt kein Schwarz im Fell.

SLATE/WHITE/TAN

Die Farbe des Fells variiert von Hellgrau bis zu einem dunklen Schiefer. Hinzu kommen weiße Abzeichen sowie tanfarbene Abzeichen im Gesicht (meist an den Wangen und über den Augen) und unter der Rute. Weitere Stellen in Tan sind möglich. Es gibt kein Schwarz im Fell.

SLATE/MERLE

Die Farbe des Fells variiert von Hellgrau bis zu einem dunklen Schiefer mit typischen Merle-Schattierungen. Zusätzlich können

Red/white

Slate/white

weiße Abzeichen vorhanden sein. Es gibt kein Schwarz im Fell.

SLATE/MERLE/TAN

Die Farbe des Fells variiert von Hellgrau bis zu einem dunklen Schiefer mit typischen Merle-Schattierungen, sowie tanfarbene Abzeichen im Gesicht (meist an den Wangen und über den Augen) und unter der Rute. Weitere Stellen in Tan sind möglich. Zusätzlich können weiße Abzeichen vorhanden sein. Es gibt kein Schwarz im Fell.

LILAC/WHITE

Die Farbe des Fells ist ausnahmslos braun/blau = beige.
Zusätzlich hat der Hund weiße Abzeichen. Es gibt kein Schwarz im Fell.

LILAC/MERLE

Die Farbe des Fells variiert in unterschiedlichem Braun/Blau = Beige mit den typischen Merle-Schattierungen. Es gibt kein Schwarz im Fell.

BLACK/SABLE/WHITE

Die Farbe des Fells variiert von Weizenfarben über blasses Beige und sattes Orangerot bis hin zu dunklem Braun. Die Haare sind in sich mehrfarbig, meist hell an der Wurzel und dunkler an der Spitze.
Beim Welpen kann man die Grundfarbe auch an einer in dieser Farbe sichtbaren Haarlinie über einem Teil oder dem ganzen Rücken erkennen. Auch der „Zobelfleck“ auf der Rute gibt Aufschluss über die Grundfarbe (beim Welpen oft die ganze Oberseite der Rute und beim erwachsenen Hund nur noch ein handtellergroßer Teil). Zusätzlich hat der Hund weiße Abzeichen.

CHOCOLATE/SABLE/WHITE

Die Farbe des Fells variiert von Weizenfarben über blasses Beige bis hin zu sattem Orangerot und dunklem Braun. Die Haare sind in sich mehrfarbig, meist hell an der Wurzel und dunkler an der Spitze. Beim Welpen kann man die Grundfarbe auch an einer in dieser Farbe sichtbaren Haarlinie über einem Teil oder dem ganzen Rücken erkennen. Auch der „Zobelfleck“ auf der Rute gibt Aufschluss über die Grundfarbe (beim Welpen oft die ganze Oberseite der Rute und beim erwachsenen Hund nur noch ein handtellergroßer Teil).
Zusätzlich hat der Hund weiße Abzeichen.

SLATE/SABLE/WHITE

Die Farbe des Fells variiert von Sandfarben über blasses Beige bis hin zu Orange/Rot mit silbrigem Überflug. Die Haare sind in sich mehrfarbig, meist hell an der Wurzel und dunkler an der Spitze. Beim Welpen kann man die Grundfarbe auch an einer in dieser Farbe sichtbaren Haarlinie über einem Teil oder dem ganzen Rücken erkennen. Auch der „Zobelfleck“ auf der Rute gibt Aufschluss oder die Grundfarbe (beim Welpen oft die ganze Oberseite der Rute und beim erwachsenen Hund nur noch ein handtellergroßer Teil). Zusätzlich hat der Hund weiße Abzeichen.

WILLKOMMEN DAHEIM

— *Auswahl und Eingewöhnung*

PASST EIN BORDER COLLIE ZU MIR UND IN MEIN LEBEN?

In der Top 50 der beliebtesten Hunderassen ist der Border Collie auf Platz 17. Er gehört somit zu den beliebten Rassen, gerade deshalb sollte man sich vor der Anschaffung dieses triebstarken Hundes über ein paar Dinge im Klaren sein.

TRAUMHUND ODER PROBLEMHUND

Als Züchterin dieser Rasse spreche ich gerade diese Punkte schon im Vorfeld mit den Welpen-Interessenten an.
Der Grat zwischen „Traumhund“ und „wahnsinnigem Balljunkie“ ist schmal und vor der Anschaffung eines Border Collies sollte man einige Dinge hinterfragen.
Bin ich sportlich genug, um dem Bewegungsdrang und dem Temperament eines Border Collies langfristig gerecht zu werden? Zwei bis drei Stunden pro Tag sollte man für einen Hund dieser Rasse aufbringen können, die für Training, Bewegung und Erziehung benötigt werden.
Das mitunter ausgeprägte Hüte- (Kontroll-) Verhalten kann eine echte Herausforderung darstellen, darüber sollte man sich im Klaren sein, wenn man sich für einen Border Collie entscheidet. Die Auswirkungen und Anzeichen dieses Verhaltens sollten frühzeitig erkannt und dagegen gearbeitet werden (siehe Impulskontrolle und Frustrationstoleranz).
Man sollte sich bewusst machen, dass sich Auslastung und Ruhe in einem gesunden Gleichgewicht bewegen müssen. Der Border Collie ist der perfekte Partner, wenn man ein aktiver Mensch ist, der seine Freizeit gerne draußen verbringt. Wer es mag, täglich mit seinem Hund zu arbeiten, zu trainieren und viel gemeinsam draußen unterwegs zu sein, wird mit einem Border Collie einen tollen Partner an seiner Seite haben.

»Der Border Collie ist eine wundervolle Rasse – aber nicht für jeden!«

HABE ICH GENUG ZEIT FÜR EINEN BORDER COLLIE?

Vor der Anschaffung eines Border Collies sollte man sich diese Frage ehrlich stellen, denn im besten Fall hat man diesen Hund für die nächsten 15 Jahre seines Lebens. Man muss sich klar sein, dass ein Border Collie kein Hund ist, der mal eben so „nebenher" läuft – er muss zum persönlichen Alltag passen.
Der Border Collie braucht mehrmals am Tag Bewegung; da ist es zweitrangig, ob es regnet, schneit oder Sie heute vielleicht Kopfschmerzen haben.
Ich persönlich rate den Menschen ab, die aus beruflichen Gründen den Hund acht Stunden oder länger alleine lassen müssen. Passender sind Arbeitsbedingungen mit Home-Office-Tagen, oder Paare, die wechselseitige Schichten haben. Inzwischen bieten auch einige Firmen die Möglichkeit, den Hund mit zur Arbeit zu nehmen, auch das wäre eine Möglichkeit, einen Vollzeitjob mit dem Hundewunsch zu vereinen. Allerdings muss das vor Anschaffung des Hundes mit dem Arbeitgeber geklärt werden.
Realistisch betrachtet, sollte man mindestens zwei bis drei Stunden am Tag für den Hund einplanen. Das ist bei einem Acht-Stunden-Arbeitstag viel Zeit, darüber sollte man sich im Klaren sein. Ob das neben Haushalt, Einkaufen und privaten Verpflichtungen wirklich in das Leben passt, muss jeder für sich abwägen. Jedenfalls wird sich der Tagesablauf mit Einzug des Hundes ändern. Zu den täglichen Spaziergängen kommen noch Besuche in der Hundeschule oder dem Hundeverein, die Fellpflege des Hundes und Tierarztkonsultationen hinzu.

Ideal für den Hund ist es, wenn man große Teile der Arbeit zuhause erledigen kann.

Von der Hundeschule profitieren Hund und Halter.

SIND MEINE WOHNVERHÄLTNISSE GEEIGNET?

Dem Hund ist es vermutlich egal, ob man 40 oder 240 Quadratmeter bewohnt, ihm ist es wichtiger, wieviel Zeit man gemeinsam verbringt.
Wohnt man zur Miete, sollte man sich das Einverständnis des Vermieters zur Hundehaltung schriftlich geben lassen.
In Mehrparteienanlagen, ob zur Miete oder als Eigentum, sollte man bedenken, dass das Alleinbleiben des Hundes eventuell zu einem Problem werden kann. Dauerbellende oder -winselnde Hunde sind nicht nur für die Tiere selbst eine Qual, sondern auch für die Nerven der Nachbarn.
Es ist deshalb ratsam, vor Anschaffung eines Hundes mit den Nachbarn zu sprechen. Und natürlich muss das Alleinbleiben sorgfältig mit dem Hund aufgebaut und eingeübt werden.

Überlegungen über die späteren Auslaufmöglichkeiten mit Hund sollte man nicht außer Acht lassen (Muss ich für Spaziergänge immer das Auto nehmen, oder kann ich direkt von der Haustür starten?).

KANN ICH MIR EINEN BORDER COLLIE LEISTEN?

Die Anschaffungskosten liegen bei 1.500-2.500 Euro je nach Züchter und Verband, dazu kommen Futterkosten von ca. 50-100 Euro pro Monat, je nach Art und Qualität des Futters. Ebenfalls schlagen die jährlichen Kosten für Impfungen, Entwurmungen und Zeckenschutz, Haftpflichtversicherung und Hundesteuer zu Buche.
Ausrüstung (Halsband, Leine), eine Hundetransportbox fürs Auto, Kosten für den Hundetrainer oder den Hundeverein fallen vor allem anfangs an.
Hat man keine finanziellen Rücklagen, empfiehlt es sich, eine Hunde-Krankenversicherung oder eine OP-Kosten-Versicherung abzuschließen.

Der ausgelastete Border Collie ist zuhause anschmiegsam und ruhig.

RÜDE ODER HÜNDIN?

Eine immer wieder auftretende Frage dreht sich um das Geschlecht des künftigen Hundes. Man hört dann Aussagen, dass Hündinnen anhänglicher oder Rüden leichter zu erziehen seien.

Diese Eigenschaften resultieren meiner Meinung nach aus dem individuellen Charakter eines Tieres und lassen keine Rückschlüsse auf das Geschlecht des Hundes zu.
Unterschiede finden sich lediglich in der Statur und im Gewicht. Rüden sind meist größer, schwerer und bekommen je nach Fellbeschaffenheit einen voluminöseren Behang, gerade am Kragen.
Rüden markieren vermehrt und reagieren unterschiedlich stark auf Hündinnen in der Läufigkeit, da kann ein ausgeprägter Sexualtrieb einem den letzten Nerv rauben.
Hündinnen hingegen werden zweimal pro Jahr läufig. Die erste Läufigkeit tritt zwischen dem 8. und 24. Lebensmonat auf. Die Läufigkeit einer Hündin dauert in der Regel 21 Tage, in dieser Zeit sollte man die Hündin nie unbeaufsichtigt lassen. Auch die tagelangen Blutungen können einen Mehraufwand bedeuten, was die Reinigung betrifft.

Rüde links, Hündin rechts – man sieht den Unterschied.

Aber trotz allem sind die meisten Eigenschaften in der Persönlichkeit des Hundes verankert und nicht von seinem Geschlecht.

WELPE ODER ÄLTERER HUND?

Bei dieser Entscheidung sollte man die für sich wichtigsten Vorteile abwägen. Beide Altersgruppen haben gravierende Vor- und Nachteile. Für einen Welpen braucht der Mensch zu Beginn sehr viel Zeit und Geduld und es bedarf einer konsequenten Erziehung. Aufgaben, wie das Erarbeiten der Stubenreinheit und die ganze Umwelt-Sensibilisierung kosten wirklich Zeit und Nerven. Welpenzähne verewigen sich gerne in Möbeln oder zerstören den einen oder anderen geliebten Schuh.

Beim Erwerb eines Welpen haben Sie Einfluss auf seine persönliche Entwicklung, können ihn in seinem Aufwachsen begleiten sowie ihn in seiner Entwicklung unterstützen und anleiten.

Beim erwachsenen Hund stehen Sie einem oft fertigen Charakter gegenüber. Meist sind diese Hunde bereits stubenrein und die anstrengende Welpen-Phase, eventuell auch die Pubertät, sind bereits überstanden. Vielleicht ist auch schon ein Mindestmaß an Erziehung vorhanden. Oft bringen diese Hunde aber auch eine Vorgeschichte mit. Probleme aus ihrem vorigen Leben und ggf. Versäumnisse, die in der Prägephase geschehen sind, können Schwierigkeiten im Zusammenleben mit sich bringen.

Welpen bereichern uns, doch in erster Linie erfordern sie viel Zeit und Energie.

DER BORDER COLLIE ALS FAMILIENHUND

Für mich selbst gab es als Kind nichts Schöneres, als mit einem Hund aufwachsen zu dürfen. Es stellt sich hier die Frage, ob es wirklich kinderfreundliche Rassen gibt oder nicht.

Meiner Meinung nach ist der Border Collie nicht die erste Wahl, wenn es darum geht, sich einen Familienhund anzuschaffen. Bei Anfragen von Familien mit Kindern bin ich daher eher skeptisch und es gehen lange Gespräche voraus, bevor ich einen Welpen in eine Familie mit Kindern abgebe.
Oft führt der mitunter stark ausgeprägte Hütetrieb im Zusammenspiel mit der einhergehenden Herdenverantwortung zu rassetypischen Problemen gerade im Zusammenspiel mit Kindern. Hier müssen sich die Eltern bewusst sein, wie wichtig klare Strukturen im Umgang zwischen Kind und Hund sind.
Welpen, die zu Familien mit Kindern kommen, sollten immer von Züchtern stammen, die viel Wert auf die Sozialisation der Welpen legen. Die Welpen sollten schon sehr früh beim Züchter mit Kindern allen Altersgruppen in Kontakt gekommen sein.
Ich selbst gebe Welpen in Familien mit Kindern meist in der achten Lebenswoche ab, damit sie so viel Zeit wie möglich in dieser Lebensphase mit den Kindern verbringen. Allerdings immer unter der Aufsicht von erwachsenen Bezugspersonen.
Es gestaltet sich sicherlich schwieriger, einem Border Collie Welpen „Ruhe" zu vermitteln, wenn man kleine Kinder im Haus hat. Dieser Trubel ist oft sehr schwer für einen Welpen auszuhalten.
Es gibt wirklich sehr viel zu bedenken bei der Rasse, bevor man sich einen Border Collie als Familienhund anschafft.

01

02

01 Besonders Familien mit noch sehr kleinen Kindern sollten sich gut überlegen, wann der richtige Zeitpunkt für einen Hund gekommen ist.

02 Unter passender Anleitung können Hund und Kind ein tolles Team werden.

03 Ein Privileg für Kinder: der Hund als bester Freund.

03

AUSTRALIAN SHEPHERD ODER BORDER COLLIE?

Oft wird die Anschaffung einer dieser beiden Rassen von Interessenten ins Auge gefasst und miteinander verglichen. Meiner Meinung nach unterscheiden sich diese Rassen allerdings gravierend, was an ihrer ursprünglichen Verwendung liegt.

Die charakterlichen Unterschiede sind gravierend.

Der Australian Shepherd agiert in der Arbeit am Vieh deutlich härter und körperlicher. Dieses Verhalten hat den Ursprung in seiner Arbeit mit Rindern, die er vorwärtstreiben musste. Auf diesen „Biss" wurde die Rasse jahrelang selektiert.
Bei der Arbeit am Vieh nutzte der Australian Shepherd zum größten Teil seine Zähne und seine Stimme, um das Vieh vorwärts zu bewegen, dabei wurde dem Rind hinten in die Fesseln gebissen. Der Australian Shepherd sollte sehr eigenständig am Vieh arbeiten und es wurde weniger Wert auf Rücksprache mit seinem Menschen gelegt. Dieses ursprüngliche Verhalten spiegelt sich oft in den Problemen, die der Australian Shepherd heute noch im Alltag zeigt. Australian Shepherds werden gerne kreativ, wenn sie die Sinnhaftigkeit einer Aufgabe nicht erkennen. Falsch geführt, nicht konsequent erzogen, ohne Struktur und Führung neigt der Australian Shepherd schnell dazu, nach vorne zu gehen (nicht selten auch gegen den Besitzer), er zeigt mehr territoriales Verhalten, ist bellfreudiger und zeigt öfter Aggressionen gegen Artgenossen als der Border Collie.
Border Collies arbeiten am Vieh in der Regel nicht mit Biss, sondern mit ihrer Körperhaltung, den schleichenden Bewegungen und der geduckten Haltung. Arbeiten die Border Collies allerdings viel an wehrhaften Tieren, wie zum Beispiel Rinder, dann nutzen sie bei Bedarf auch ihre Zähne, um die Tiere zu stoppen oder vorwärts zu treiben. Border Collies sind deutlich sensibler, einfacher zu führen, aber auf der anderen Seite bei falscher oder fehlender Erziehung schneller traumatisierbar. Sie sind ernsthafter im Wesen und viele Border Collies zeigen sich im Alltag extrem geräuschempfindlich.
Bei falscher, fehlender oder inkonsequenter Erziehung neigen sie im Gegensatz zum Australian Shepherd schneller dazu, neurotisch zu werden; sie zeigen schneller zwanghaftes Verhalten wie Schattenjagen, werden zu Balljunkies oder fangen an, auf Bewegungsreize mit unverhältnismäßigem Beutefang-Verhalten zu reagieren.

EIN WELPE ZIEHT EIN

Zuerst sollte man für sich persönlich die Frage klären, ob es ein Border Collie aus einer Showlinie, einer Arbeitslinie oder aus einer Mischlinie werden soll. Dann macht man sich auf die Suche nach einem Züchter.

WIE FINDE ICH DEN RICHTIGEN ZÜCHTER?

Je nachdem welche Zuchtrichtung es werden soll, findet man passende Züchter über die dazugehörigen Rasseverbände.

Für die Showlinie ist es der „Club für britische Hütehunde" (CfBrH), für die Arbeitslinie findet man die Züchter über die „Arbeitsgemeinschaft Border Collie" (ABCD) und für die Mischlinie findet man die passenden Züchter über die verschiedenen Zuchtverbände, z. B. den „Club für Treib- und Hütehunde", den „ASBC" (Allegiance for Standard Border Collies) und viele andere mehr.

Ich werde sehr oft direkt über meine Homepage gefunden und anschließend per E-Mail oder über einen Anruf kontaktiert. Hat man über den Verband mehrere passende Züchter gefunden, würde ich persönlich mir immer zuerst den Internet-Auftritt des Züchters ansehen (die Homepage) und prüfen, ob mich der Inhalt der Homepage anspricht. Ob zum Beispiel das ausgewiesene Zuchtziel dem entspricht, was ich mir von meinem künftigen Hund wünsche. Ob die dort beschriebenen Zuchthunde meinen Vorstellungen entsprechen und ob vielleicht schon eine Wurfplanung angekündigt wird.

Ich rate immer dazu, die infrage kommenden Züchter vorab zu besuchen, um sich einen persönlichen Eindruck der Menschen, der Zuchthunde und der Zuchtstätte zu verschaffen.

Man kann sich die Hunde dort vor Ort anschauen, mit dem Züchter über die geplante Verpaarung sprechen und überprüfen, ob die Haltung und das Umfeld den eigenen Vorstellungen von einer guten Zuchtstätte entsprechen.

Ich empfehle immer, mehrere Züchter im Vorfeld zu kontaktieren und möglichst auch mehrere zu besuchen, um sich einen Überblick zu verschaffen und auch einen Vergleich zu haben. Kaufen Sie nur dort, wo alles Ihren persönlichen Vorstellungen entspricht.

Lassen Sie sich von einer Warteliste nicht abschrecken. Züchter, die einen guten Ruf genießen und nicht so viele Würfe produzieren, haben häufig eine Warteliste, das spricht für die Qualität des Züchters.

Es ist immer ein gutes Zeichen, wenn der Züchter Ihnen auch viele Fragen stellt und sich für ihre persönlichen Lebensumstände interessiert.

Züchter, die Vor-Ort-Besuche generell ablehnen, würde ICH direkt von der Züchter-Auswahl-Liste streichen.

Ausflug mit den Welpen.

WORAN ERKENNE ICH EINEN GUTEN ZÜCHTER?

Ein freundlicher Erstkontakt über Telefon oder E-Mail sollte Grundvoraussetzung sein. Ein interessierter und guter Züchter stellt Ihnen einige Fragen zu Ihrer Lebens- und Wohnsituation. Er erläutert die Vor- und Nachteile der Rasse, er berät Sie ehrlich und erfragt Ihre persönlichen Lebensumstände.
Der Züchter sollte den Charakter und die Vorteile beider Elterntiere beschreiben können und was er sich mit der geplanten Verpaarung verspricht.
Der professionelle Züchter versucht weder Ihnen einen Welpen aufzudrängen, noch sollte er Sie dazu drängen, einen Vorvertrag zu unterschreiben. Er erläutert, wie er die Welpen aufzieht, worauf er bei der Aufzucht Wert legt und wie seine Sozialisation aussieht. Er stellt Ihnen seine Hunde und seine Zuchtstätte vor und beantwortet Ihre Fragen.
Ein guter Züchter steht Ihnen auch nach dem Kauf Ihres Welpen bei Fragen oder Problemen beratend zur Seite und bietet seine Hilfe an.
Kaufen Sie bitte keinen Welpen spontan, aus Mitleid oder unüberlegt. Ich rate deshalb davon ab, erst dann den Züchter das erste Mal zu besuchen, wenn die Welpen schon geboren sind.
Bedenken Sie, dass Sie diesen Hund bestenfalls die nächsten 15 Jahre besitzen.

So ein Nachwuchs lässt Züchterherzen höher schlagen.

Die wichtigsten Punkte zur Züchterwahl

- ☐ Ist der Züchter einem Verein angeschlossen, werden die Zuchthunde kontrolliert und gibt es Nachweise darüber, die Sie einsehen können? Ist der Züchter freundlich, interessiert, auskunftsfreudig und macht er einen kompetenten Eindruck auf Sie?
- ☐ Bietet der Züchter Ihnen auch nach dem Erwerb des Welpen seine Hilfe an?
- ☐ Leben die Zuchthunde in der Wohnung und machen einen gepflegten Eindruck auf Sie?
- ☐ Wirken die Hunde aufgeschlossen und kontaktfreudig auf Sie?
- ☐ Ist alles sauber, gepflegt und hell?
- ☐ Wirken alle vorhandenen Hunde wohl genährt, gepflegt und gesund auf Sie?
- ☐ Kann der Züchter alle gesundheitlichen Auswertungen beider künftigen Elterntiere vorlegen? HD-Auswertung (Hüftgelenksdysplasie), ED-Auswertung (Ellenbogengelenkdysplasie), OCD (Knochenwachstumsstörung), DOK-Augenuntersuchung und die Testergebnisse auf alle gängigen Erbkrankheiten?
- ☐ Die Hündinnen bekommen nicht in jeder Läufigkeit Welpen und haben Pausen zwischen ihren Würfen?
- ☐ Die Mutterhündin ist nicht älter als acht Jahre und hatte nicht mehr als fünf Würfe?

Der Welpe sollte einen gesunden, wachen und neugieren Eindruck erwecken.

Schon im jungen Alter bilden sich die Charaktere aus.

WELCHER WELPE PASST ZU MIR?

Als Züchterin kann ich Ihnen aus jahrelanger Erfahrung raten, auch wenn es schwerfällt: Suchen Sie sich Ihren Welpen nicht nach der Optik aus!

Ein guter Züchter befragt Sie in einem ausführlichen Vorgespräch ganz genau nach Ihren Wünschen, den künftigen Hund betreffend.

Ich persönlich befrage die Interessenten nach der künftigen Verwendung des Hundes: Ob der Hund zum Beispiel als Suchhund für die Rettungshundearbeit oder als Therapiehund ausgebildet werden soll. Ob der neue Besitzer große Ambitionen für den Sport hat oder eher einen ruhigeren Begleiter sucht. Ebenso erfrage ich, ob der künftige Hund ein bestimmtes Geschlecht haben soll, weil vielleicht schon weitere Hunde desselben Geschlechts im Haushalt leben. Oder ob der Welpe charakterlich oder vom Temperament zum vorhandenen Hund passen soll.

All diese Informationen und Vorstellungen sollten in die Auswahl des Welpen mit einfließen. Gute Züchter stehen einem dabei beratend zur Seite, erklären genau den Charakter der einzelnen Welpen und erläutern, welcher Welpe am besten zu Ihnen und Ihren Anforderungen passt. Es geht nicht um eine explizite Zuteilung des Welpen, sondern um eine ausführliche Beratung, denn der Züchter sieht und beobachtet die Welpen bestenfalls viele Stunden am Tag und kann da oft sehr genaue Charakterbeschreibungen abgeben.

All diese Punkte sprechen gegen Spontankäufe bei Züchtern, ebenso gegen Käufe auf Plattformen wie Ebay-Kleinanzeigen. Zuchtstätten spontan zu besuchen, die gerade Welpen haben, verleitet dazu, unüberlegt, emotional und oftmals aus Mitleid einen Welpen zu kaufen. Bedenken Sie, die Folgen dieses Kaufes tragen Sie die nächsten 15 Jahre.

Mit dem Hund ziehen auch Formalitäten ein, die es zu erledigen gilt.

Außerdem unterstützt man so langfristig das Leid schlecht produzierter Hundewelpen. Denn immer, wenn ein solcher Welpe aus Mitleid gekauft wird, werden weitere Welpen nachproduziert und das Elend so weiter am Leben gehalten.
Hundewelpen, die unüberlegt und aus Mitleid gekauft werden, sind oft schüchtern oder übermäßig ängstlich, weil sie in der wichtigen Prägephase zu wenig Umweltreizen ausgesetzt wurden, häufig zu wenig guten Kontakt zum Menschen hatten und oft ohne Familienanschluss aufgewachsen sind. Gerade diese schüchternen Welpen schleichen sich häufig in das Herz des Käufers. Die meist unzureichend sozialisierten Welpen können Ihnen die nächsten Jahre richtig Probleme bereiten. Fehlende Umweltreize in der Prägephase können übermäßige Angst, Panik oder auch Aggression fördern. Bitte kaufen Sie Welpen immer mit Bedacht und Verstand und unterstützen Sie keine Vermehrer!

SCHRIFTLICHES UND FORMALITÄTEN

Welpen dürfen aus keinem Grund vor der 8. Lebenswoche abgegeben werden. Meine Welpen ziehen zwischen der 9. und der 10. Lebenswoche aus.
Die Welpen sollten bei Abholung dreimal entwurmt, mit Mikrochip versehen und zum ersten Mal geimpft sein.
Die Ahnentafel sollte übergeben oder später nachgesandt werden (nicht alle Vereine schaffen es, die Ahnentafeln bis zum Auszug der Welpen fertiggestellt zu haben).
Sie sollten einen Kaufvertrag und einen Impfpass mitbekommen, in dem die Chipnummer, der Zuchtname und andere wichtige Daten vermerkt sind.
Um eine Futterumstellung des Welpen in den ersten Tagen zu vermeiden, geben viele Züchter die Futterrationen für die ersten Tage mit.
Um die ersten Stunden in der ungewohnten Umgebung leichter zu machen, gebe ich eine Decke oder ein Spielzeug mit, das nach der Mutterhündin und den Geschwistern riecht, um das Eingewöhnen etwas erträglicher zu machen.

Welpen Check

- ☐ Welpen und Mutterhündin können in einem normalen Umfeld besucht werden.
- ☐ Die Welpen sind aufgeweckt, neugierig und freundlich.
- ☐ Alle Welpen wirken sauber, gepflegt und gesund.
- ☐ Die Welpen lassen sich problemlos anfassen und wirken neugierig.
- ☐ Die Welpen sind zwar tollpatschig, aber bewegungsfreudig, sie lahmen nicht, haben klare Augen und riechen nicht unangenehm.
- ☐ Die Mutterhündin toleriert die Besucher und muss nicht weg gesperrt werden.

WICHTIGE VORBEREITUNGEN

Es empfiehlt sich, vor dem Einzug des Vierbeiners schon eine Haftpflichtversicherung für den Hund abzuschließen, diese ist in manchen Bundesländern sogar Pflicht.

Ohne finanzielle Rücklagen macht es ebenfalls Sinn, über eine Hunde-Krankenversicherung oder eine OP-Kosten-Versicherung nachzudenken.
Zudem sollte man sein Haus/seine Wohnung und, wenn man hat, den Garten „welpensicher" machen. Entfernen Sie besser wertvolle Möbel und Teppiche während der Welpenzeit und bringen Sie diese für ein paar Wochen in Sicherheit. Räume, die für den Welpen tabu sind, sowie Treppenauf- und -abgänge lassen sich einfach mit Kinderschutzgittern sichern. Schützen Sie auch freiliegende Kabel, damit der Welpe sie nicht anknabbern kann.
Gartenteiche und Schwimmbäder sind ebenso eine nicht zu unterschätzende Gefahr für Welpen und sollten auf alle Fälle abgesichert werden.
Stellen Sie gefährliche und giftige Pflanzen auf eine nicht erreichbare Höhe, im Garten entfernen Sie diese Pflanzen besser dauerhaft.
Putzmittel und Gifte im Haus, Garten und in der Garage bitte in Schränken verschließen, ebenso wie Medikamente, Zigaretten und andere giftige Lebensmittel bitte außer Reichweite des Welpen bringen.
Sichern Sie den Garten durch einen Zaun, hierzu können kurzfristig auch portable Schafzäune genutzt werden.

01 Sichern Sie Ihr Gartengrundstück durch einen Zaun.

02 Der Schlafplatz soll weich sein, das Material sollte aber waschbar sein.

RUHEPLATZ UND SCHLAFPLATZ

Machen Sie sich schon vor dem Einzug des Welpen Gedanken, wo der Welpe künftig seinen Ruheplatz und seinen Schlafplatz haben soll.
Wichtig ist, dass der Welpe sich jederzeit dahin zurückziehen und zur Ruhe kommen

01

02

kann, ohne dabei vom Familienleben ausgeschlossen zu sein.
Kindern in der Familie muss erklärt werden, dass der Ruheplatz eines Hundes von allen Familienmitgliedern akzeptiert werden muss, damit der Hund dort auch wirklich seine Ruhe finden kann.
Als ersten Schlafplatz kaufen Sie am besten etwas, das leicht zu reinigen und nicht allzu teuer ist, denn oft fallen die ersten Schlafplätze und Hundebetten den Welpenzähnen zum Opfer. Im Fachhandel gibt es günstige Kunstleder-Hundebetten zu kaufen, die sind einfach zu reinigen und können in den kalten Monaten zusätzlich mit einer Decke ausgestattet werden.
Ich nutze für die ersten Wochen eine faltbare Hundetransportbox, die ich neben mein Bett auf den Boden stelle. So kann man auch während der Nacht zeitnah reagieren, wenn der Welpe unruhig wird und raus muss, um sich zu lösen. Die meisten Welpen vermeiden es, sich in der Box, in der sie schlafen müssen, zu lösen und melden sich da recht zuverlässig.
Oft sind diese faltbaren Hundeboxen auch so konzipiert, dass man sie von oben öffnen kann. Wird der Welpe während der Nacht unruhig und fängt an zu jammern, kann man Nähe bieten, ihn so etwas streicheln und beruhigen, ohne selbst aus dem Bett zu müssen.

Die Erstausstattung

Schlafen

- ☐ Ein waschbares Hundebett / Hundebett aus Kunstleder mit einer waschbaren weichen Decke

Transport

- ☐ Ein Zimmerkennel / eine faltbare Hundetransportbox und eine passende Autobox für den sicheren Transport im Auto

Fressen und Trinken

- ☐ Ein rutschfester und gut zu reinigender Fressnapf, ein etwas größerer rutschfester Wassernapf

Spielzeug

- ☐ Bitte nichts Kleinteiliges, das verschluckt werden kann, achten Sie immer auf die Unversehrtheit des Spielzeugs (oft zerstören die Welpen die Spielzeuge sehr schnell und verschlucken dann Teile davon), Spielzeug bitte immer nur „unter Beobachtung“ und nicht zur freien Verfügung bereitstellen

Halsband, Geschirr und Leine

- ☐ Ein gut sitzendes verstellbares Halsband, eine passende Leine, die man in der Länge verstellen kann, eventuell ein passendes Geschirr (leider sieht man viele schlecht oder falsch sitzen, bitte informieren Sie sich da im Fachhandel)

Pflege

- ☐ Weiche Bürste zum Anlernen
- ☐ Hundeshampoo
- ☐ Krallenschere oder Krallenschleifer
- ☐ Floh-Kamm

Zubehör

- ☐ Zeckenzange
- ☐ Kotbeutel
- ☐ Hundetransportbox fürs Auto zur Transportsicherung
- ☐ Erste-Hilfe-Ausstattung

IM NEUEN ZUHAUSE

Es empfiehlt sich, den Welpen mit einer Begleitperson abzuholen, wenn das möglich ist, so ist der Fahrer nicht allzu abgelenkt und die Begleitperson kann sich bei Bedarf während der Autofahrt um den Welpen kümmern.

DIE FAHRT NACH HAUSE

Ich nutze gerne eine Katzentransportbox für die Fahrt, diese kann man bei Bekannten oder Verwandten ausleihen. In diese Transportbox kann eine waschbare Decke oder ein Handtuch gelegt werden. Wenn die Transportbox zu groß gewählt wird, passiert es gerne, dass der Welpe während der Fahrt in der Transportbox umherrutscht. Das fördert die Übelkeit während der Fahrt und veranlasst die Welpen, sich zu erbrechen.
Sie können die Transportbox während der Fahrt beim Beifahrer in den Fußraum stellen oder auf der Rückbank sichern, am besten mit Gurt.
Sind Sie alleine unterwegs, stellen Sie die Transportbox auf den Beifahrersitz und gurten sie mit dem vorhandenen Sicherheitsgurt fest. Stellen Sie die Transportbox mit der Öffnung in Ihre Richtung, sodass Sie während der Fahrt mit dem Welpen Kontakt aufnehmen und bemerken können, wenn er sich z. B. erbrechen muss.
Einigen Welpen wird bei der Autofahrt schlecht, umso wichtiger ist ein besonnener ruhiger Fahrstil. Außerdem ist es sinnvoll, ein paar Reinigungstücher und eventuell ein paar Handtücher mitzunehmen.

DIE ERSTEN GEMEINSAMEN STUNDEN

Im neuen Zuhause, ohne Mutter und Geschwister, steht das Leben für den Welpen erst einmal Kopf. Nach der Fahrt muss dem Welpen zunächst die Möglichkeit gegeben

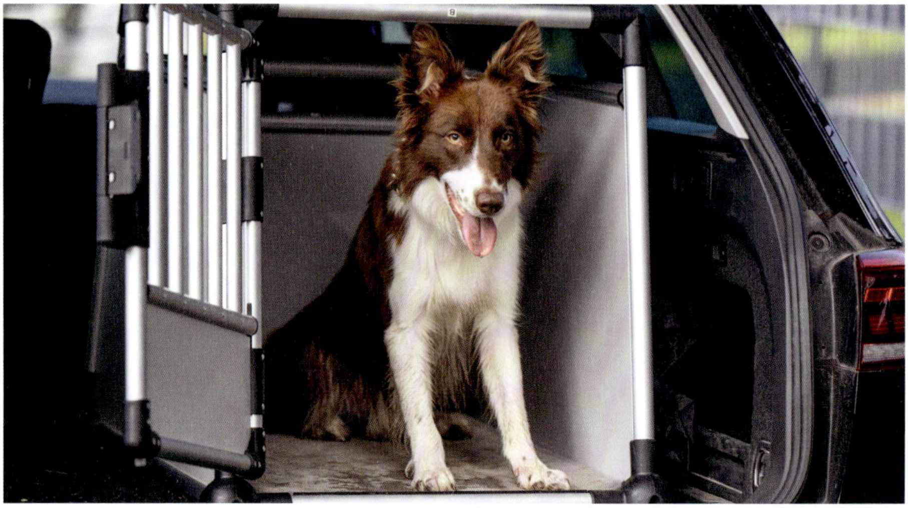

01

werden, sich auf einer Grünfläche zu lösen. Sonst landet garantiert die erste Pfütze direkt nach der Ankunft im Haus.
Der Welpe braucht Ruhe, Sicherheit und eine Vertrauensperson, die ihm in der neuen Situation zur Seite steht und ihm Sicherheit vermittelt. Er sollte in Ruhe ankommen dürfen und genügend Zeit haben, seine Umgebung in seinem Tempo zu entdecken und Vertrauen zu seiner Umgebung aufzubauen.
Wenn er dazu bereit ist, zeigen Sie dem Welpen in Ruhe sein neues Zuhause, gehen Sie mit ihm durch all die Räume, die er später auch nutzen darf und passen Sie sich dem individuellen Tempo des Welpen an.
Besuche von Bekannten, Familie und Nachbarn würde ich die erste Zeit vermeiden. Da hat der Welpe auch so genug zu entdecken und Sie möchten ihn ja nicht gleich in den ersten Stunden und Tagen überfordern.

DIE STUBENREINHEIT

Timing und Beobachten des Verhaltens ihres Welpen ist hier das A und O und der Schlüssel zur erfolgreichen Stubenreinheit.
Welpen müssen sich direkt nach dem Schlafen, nach dem Fressen und nach dem Spielen lösen, deshalb empfiehlt es sich, den Welpen direkt und unmittelbar nach dem Aufwachen, dem Fressen und nach einer Spielsequenz nach draußen zu bringen.
Welpen lösen sich gerne an den immer gleichen Stellen, deshalb brauchen Sie im eigenen Garten nicht alle Hinterlassenschaften akribisch wegzuräumen, denn der Geruch animiert den Welpen, anfangs immer wieder an dieselbe Stelle zu gehen, um sich zu lösen.
Beobachten Sie das Verhalten des Welpen draußen genau. Viele Welpen schnüffeln ganz intensiv und suchen sich dann den perfekten Platz. Dieses Verhalten zeigen sie auch im Haus. Also wenn Sie dieses Verhalten bemerken, sprechen Sie den Welpen an, gehen Sie zu ihm und bringen Sie ihn schnellstmöglich nach draußen.
Timing ist hier alles! Nachts ist eine Hundetransportbox neben dem Bett hilfreich um zu bemerken, wann der Welpe sich lösen muss. Meist melden die Welpen sich lautstark, um sich nicht in der Box lösen zu müssen.
Seien Sie nicht frustriert, wenn doch der ein- oder andere Unfall in der Wohnung passiert, das ist vollkommen normal in der Welpenzeit und sollte Sie nicht demotivieren.
Wenn der Welpe es nicht schafft, sich beim Spaziergang zu lösen, liegt es meist daran, dass die Umgebung einfach zu spannend ist. Die fremden Geräusche und Gerüche, all das lenkt zu stark ab, deshalb ist es für die Welpen meist leichter, eine feste Stelle zum Lösen zu haben, denn da kennen sie die Gerüche und die Beschaffenheit und sind weniger abgelenkt.
Spaziergänge sind oft viel zu aufregend, um die Zeit mit solch banalen Dingen zu verschwenden.

02

01 In einer Transportbox ist Ihr Hund im Auto sicher untergebracht.

02 Welpen lösen sich meist schnell, wenn man sie nach draußen bringt.

DAS EINMALEINS DER HUNDEERZIEHUNG

Die Erziehung des neuen Mitbewohners startet direkt an Tag eins des Einzugs. Doch womit sollte begonnen werden? Bei allem, was Sie tun, sollte an oberster Stelle stehen: Niemals überfordern, bleiben Sie positiv!

WER BIN ICH – ODER DER EIGENE NAME

Für mich ist dies das Wichtigste und das Erste, was ein Welpe lernen muss. Ich gehe dabei so vor: Ich nenne den Namen des Welpen in positiven Situationen immer wieder und bestätige den Welpen dabei mit Streicheleinheiten und verbalem Lob. Dieses Verhalten wiederhole ich stetig.
Hat man nach ein paar Tagen das Gefühl, der Welpe hat seinen Namen verinnerlicht, kommt der nächste Schritt.

ANSPRECHBARKEIT

Die Ansprechbarkeit ist eines der wirklich elementaren Dinge in der Hundeerziehung aus meiner Sicht.
Um an der Ansprechbarkeit zu arbeiten, muss man sich sicher sein, dass der Welpe seinen Namen kennt und verstanden hat, dass er gemeint ist.
Sobald ich meinen Hund mit seinem Namen anspreche, möchte ich unverzüglich eine Reaktion von ihm erhalten.
Der Hund muss dabei nicht aktiv zu mir kommen, bei der Ansprechbarkeit bestehe ich aber auf Blickkontakt, das heißt, der Hund signalisiert mir mit dem Blick, dass ich seine ungeteilte Aufmerksamkeit habe.
Ich trainiere die Ansprechbarkeit, indem ich den Welpen mit seinem Namen anspreche. Schaut er mich daraufhin an, lobe ich ihn über Streicheleinheiten, verbales Lob und/ oder über Futterlob (je nachdem wie man mit seinem Hund arbeiten möchte).
Kommt keine Reaktion des Welpen auf seinen Namen, muss eine Konsequenz folgen. Ich übe das zu Beginn ausschließlich in meinem Nahbereich, damit ist ein gutes Timing gewährleistet, denn nur dann bin ich schnell an dem Welpen dran und kann auf seine nicht vorhandene Aufmerksamkeit reagieren.
Ich spreche den Welpen mit Namen an, schaut er mich an oder kommt zu mir, belohne ich das unverzüglich mit Streicheleinheiten oder Futter.
Wenn der Welpe keine Reaktion auf seinen Namen zeigt, piekse ich ihn mit dem Finger in seine Flanke oder Rippe und sage dazu ein Korrekturwort oder nutze einen Korrekturlaut (ein „Ey", „Hey" oder ein „Scht").
Daraufhin wird mich der Welpe anschauen und ich lobe ihn direkt mit Streicheleinheiten oder Futterlob.
Hier sind Konsequenz und das Timing der Schlüssel zum Erfolg. Je öfter der Welpe nicht reagiert und keine zeitnahe Konsequenz folgt, umso schlechter wird seine Ansprechbarkeit sein.
Die Ansprechbarkeit ist ein elementarer Baustein in der Erziehung, denn damit überprüfe ich später auf Distanz (im Freilauf), ob der Hund für mich jederzeit und in jeder Situation ansprechbar ist und ob ich auch auf Distanz noch einen Zugriff auf meinen Hund habe.
Konsequente Erziehung beginnt ab dem ersten Tag im neuen Zuhause. Klare und verständliche Regeln sollten festgelegt werden

und diese möglichst konsequent, ruhig und klar umgesetzt werden. Die Regeln bitte mit allen Personen, die im Haushalt leben, und den Personen außerhalb, die regelmäßigen Umgang mit dem Hund haben, absprechen.

DAS ABBRUCH-SIGNAL

Nach dem eigenen Namen und der Ansprechbarkeit halte ich ein gut aufgebautes Abbruchsignal für sehr wichtig im Zusammenleben mit dem Hund.
Zuerst sollte man sich innerhalb der Familie einigen, welches Abbruchsignal man nutzen möchte, denn es ist wichtig, dass alle, die mit dem Hund in Kontakt sind, dasselbe Abbruchsignal verwenden. Man kann hier „Nein“, „Schluss“, „Lass das“ oder auch ein „Pfui“ nutzen, das ist jedem selbst überlassen.
Das Abbruchsignal baue ich über ein Zerrspiel mit dem Welpen auf. Hierfür beginne ich ein Spiel mit einem Zergel und sage dann unvermittelt im Spiel das Abbruchsignal, in meinem Fall „AUS“. Das Spiel wird sofort und unmittelbar von meiner Seite aus abgebrochen und der Welpe wird dazu gebracht, das Zergel loszulassen.
Manche Welpen spucken das Zergel selbst aus, weil sie sich vor dem „Aus“-Kommando erschrocken haben (je nachdem in welcher Tonlage und Lautstärke man das sagt), anderen Welpen muss man es aktiv aus dem Maul nehmen. Wichtig ist der sofortige Abbruch des Spiels und ein eindeutiges Lob bei Abbruch des Spiels.
Die Belohnung für das schnelle Befolgen des Abbruchsignals für den Welpen ist das sofortige Wiederaufnehmen des Spiels, gepaart mit einem Stimmlob.
Ist das Abbruchsignal gut aufgebaut und erlernt, kann man es ebenso nutzen, wenn der Welpe etwas vom Boden aufgenommen hat, das er nicht soll.
Spuckt er den Gegenstand nicht unmittelbar aus, nehmen Sie ihn bitte kommentarlos

01

02

03

01 Der Kleine hat bereits gelernt, ansprechbar zu sein.

02 Loben Sie sofort, wenn der Hund etwas richtig macht.

03 Im Welpenalter ist es noch leicht, dem Hund ein Abbruchsignal beizubringen.

und unverzüglich aus dem Maul. Auch hier gilt: Nutzen Sie das Kommando immer erst im Nahbereich, wo man schnellen Zugriff auf den Welpen hat, um ein gutes Timing zu gewährleisten.
Erst wenn das Kommando im Nahbereich gut und sicher funktioniert, überprüfen und nutzen Sie es in anderen Situationen.

Eines der Grundkommandos: „Sitz".

SITZ

Hier gibt es unterschiedliche Wege, die zum Ziel führen. Entweder bringen Sie dem Welpen das „Sitz" bei, indem Sie eine Futterbelohnung über seinem Kopf führen und dann „Sitz" sagen, sobald der Welpe die gewünschte Position eingenommen hat. Kratzen, Winseln oder Zappeln ignorieren Sie und belohnen den Hund keinesfalls, während er dieses unerwünschte Verhalten zeigt.

Sie können das Sitz-Kommando auch passiv bestätigen, indem Sie warten, bis der Welpe sich in einer Situation selbstständig hinsetzt und geben dann das Wort-Kommando dazu. Beide Methoden funktionieren, aber meist dauert die passive Methode etwas länger. Dieses passive Erlernen können Sie mit jedem Kommando so ausführen, indem Sie warten, bis der Welpe das gewünschte Verhalten selbstständig zeigt, das Wortkommando dazu sagen und dann den Hund bestätigen.

PLATZ

Auch hier gibt es die unterschiedlichsten Methoden, um dem Hund das Kommando zu erklären. Für mich ist „Platz" das wichtigste Kommando, denn es ist mein Notfallkommando im Alltag.

Das Platz-Kommando gerade auf Distanz nutze ich sehr oft in meinem Alltag, insbesondere wenn der Hund weit von mir entfernt ist und ein fremder Hund, ein Reh oder auch ein Radfahrer vor uns auftaucht. Denn beim Rückruf meines Hundes kann ich nicht beeinflussen, welchen Rückweg er nimmt, und laufe Gefahr, dass der Hund beim Zurückkommen vor das Fahrrad läuft oder vor dem Rad den Weg kreuzt. Aus diesem Grund nutze ich in solchen Situationen lieber ein Platz-Kommando auf Distanz.

Mit deutlichem Handzeichen und Stimmkommando legt sich der Hund ab.

Umso wichtiger ist mir hier ein sauberer Aufbau des Kommandos. Außerdem lege ich Wert auf die Schnelligkeit der Ausführung beim Platz-Kommando.
Man kann das Platz-Kommando problemlos aus dem Sitz aufbauen, indem man Futter in Richtung Boden führt und wartet, dass der Hund dem Futter folgt und sich dabei ablegt. Dazu sagt man dann das Kommando „Platz".
Ich selbst locke den Welpen lieber aus dem Stand, mithilfe von Futter, ins „Platz", indem ich mit dem Futter in der geschlossenen Hand bis auf den Boden runtergehe. Der Hund wird dem Futter folgen und sich dann ablegen.
Kratzen an der Hand und andere Unarten werden ignoriert. Die Hand mit dem Futter öffnet sich erst, wenn der Hund flach auf dem Boden liegt. Bei dieser Methode sage ich kein Platz-Kommando, solange noch Futter im Spiel ist.
Das Wortkommando „Platz" nutze ich erst, wenn ich kein Futter mehr brauche, damit der Hund sich ins Platz legt, sondern die Handbewegung alleine ausreicht und die Geschwindigkeit des Platz-Kommandos des Hundes in der von mir gewünschten Schnelligkeit erfolgt. Man kann auch warten, bis der Hund sich hinlegt und immer wieder „Platz" dazu sagen, auch so lernt der Hund die Bedeutung.

DER ABRUF / DER RÜCKRUF

Ich persönlich nutze für den Rückruf das Kommando „Hier". Auch den Rückruf baut man zuerst im eigenen Nahbereich auf. Dabei ruft man zuerst den Namen des Hundes, um seine Aufmerksamkeit zu bekommen. Wenn der Hund dann schaut, folgt unmittelbar das Rückruf-Kommando „Hier". Es erleichtert dem Welpen den Rückruf, wenn man dabei in die Knie geht und die Arme öffnet.

Sobald der Welpe auf dem Weg zu mir ist, beginne ich mit dem Stimmlob. Die Ankunft des Welpen können sie mit Stimme, Streicheleinheiten, einem Spielzeug, einem gemeinsamen Spiel oder auch mit Futter belohnen, das entscheiden Sie für sich und Ihren Hund, was Ihnen da am angenehmsten ist.

Wichtig ist auch hier: Ignoriert der Welpe den Rückruf, folgt unmittelbar und sofort eine Konsequenz. Dabei versuchen Sie über den Namen zuerst die Aufmerksamkeit des Hundes zu bekommen. Reagiert der Hund nicht, folgt der Pieks in die Flanke oder

01

02

03

Schulter und sobald der Hund Sie anschaut, kommt sofort das Lob; dann beginnen Sie den Welpen wieder zu sich zu locken mit freundlicher Ansprache, einem Spielzeug, Futter oder was immer Sie verwenden möchten.
Auch hier achten Sie darauf, den Rückruf erst in reizarmer Umgebung und in Ihrem Nahbereich aufzubauen. Erst wenn das wirklich gut funktioniert, dann überprüfen Sie den Rückruf des Hundes in Ihrem Garten, wenn er vielleicht gerade mit etwas beschäftigt ist, und erst wenn es im Garten wirklich super gut klappt, gehen Sie einen Schritt weiter und testen den Rückruf im Freilauf während des Spaziergangs.
Gelingt es an irgendeiner Stelle nicht mehr, beginnen Sie wieder am Anfang, im Nahbereich.

HUNDEBEGEGNUNGEN

Gerade für einen Welpen oder Junghund sind positive Hundebegegnungen sehr wichtig. Unangenehme Treffen gilt es zu vermeiden, denn nichts verschlechtert nachhaltig die Sozialkompetenz mehr als üble Begegnungen mit Artgenossen.
Welpen und Junghunde, die von fremden Hunden gejagt, gemobbt oder gebissen wurden, haben häufig ein Leben lang mit den Folgen dieser Begegnungen zu kämpfen.
Ich rate immer allen Welpen-Besitzern, sich mit sozialverträglichen erwachsenen Hunden aus dem näheren Umfeld (Bekannte und Verwandte) zu treffen. Bestenfalls mit Hunden, die den Welpen nicht unfair behandeln, ihm aber auch klar die Grenzen aufzeigen und sich nicht auf der Nase herumtanzen lassen.
Von reinen „Welpen-Spielgruppen", wie sie in manchen Hundeschulen noch angeboten werden, rate ich dringend ab. Wenn diese nicht gut angeleitet werden, lernt der Welpe nur, andere Welpen zu mobben und gemobbt zu werden; richtiges Spielen sieht man da in den seltensten Fällen.
Das Spielen mit anderen Welpen hat ihr Welpe bei seinen Geschwistern schon erlernt, das ist absolut ausreichend.
Kontakt zu netten, sozialen Althunden, die sich nicht alles gefallen lassen, helfen dem Welpen am besten, ein gut sozialisierter und höflicher Junghund zu werden.
Wird Ihr Welpe bei einem Spaziergang von einem anderen Hund bedrängt, gejagt oder gemobbt, helfen Sie Ihrem Hund bitte unverzüglich aus dieser Situation, indem Sie ihm sofort Schutz bieten, die anderen Hunde abwehren, blocken oder im Zweifelsfall Ihren Hund auf den Arm nehmen.
Flüchtet Ihr Hund in einer Situation zu Ihnen und sucht bei Ihnen aktiv Schutz, ist es selbstverständlich Ihre Aufgabe, den fremden Hund abzublocken und Ihren Welpen/Junghund zu schützen.
Aussagen wie
„das muss Ihr Hund lernen",
„das muss der Welpe auch mal aushalten"
oder „das regeln die Hunde unter sich"
sind veraltet und zerstören die Beziehung zwischen Ihnen und Ihrem Hund nachhaltig.
Eine gute Beziehung bedeutet, dass Ihr Hund weiß, dass Sie ihm helfen, ihn unterstützen und ihn in solchen, für ihn wirklich bedrohlichen Situationen nicht im Stich lassen.

01 Gehen Sie anfangs in die Hocke, sobald sich der Hund nähert. Das erleichtert ihm das Kommen.

02 Hunde zeigen sich gegenseitig sehr deutlich, wenn sie keine Annäherung wünschen.

03 Dynamisches Rennen gemeinsam mit einem bekannten Hund darf auch sein.

MEDICAL TRAINING

Gezieltes Training hilft dem Hund, den Besuch beim Tierarzt möglichst stressfrei zu bewältigen. Der Hund lernt, sich untersuchen und überall anfassen zu lassen.

Berührungen von Fremden in ungewohnter Umgebung, unangenehme Gerüchte und Schmerzen – Tierarztbesuche sind meist sehr unangenehm für unsere Hunde. Viele Hunde reagieren mit Flucht, Angst oder sogar mit Aggression auf diese Situation.
Durch das Medical Training erhält der Hund die Möglichkeit, das Ganze stressfreier zu erleben. Ebenso erleichtert es den Umgang mit dem Hund bei der Fellpflege, dem Verabreichen von Medikamenten, wie Augentropfen, und dem Entfernen von Zecken.
Das Ziel des Medical Trainings ist, den Hund zur Zusammenarbeit bei notwendigen Untersuchungen zu bewegen. Denn über Kooperation lässt sich viel mehr erreichen als mit Druck.
Je jünger Ihr Hund ist, desto einfacher ist das Medical Training. Mit kleinen Schritten zum Ziel: Nehmen Sie sich nicht zu viel vor. Je entspannter der Start, desto besser verläuft das Training. Arbeiten Sie mit Ihrem Hund möglichst auf Augenhöhe und nicht von oben.
Bei Knurren oder Ausweichen: Bestrafen Sie Ihren Hund auf keinen Fall, sondern brechen Sie die Übung ab und gehen Sie wieder einen Schritt zurück.
Folgende Dinge kann man üben:

— Bürsten und Berühren von allen Körperregionen und Kontrolle der Haut
— Hochheben von Beinen sowie Fixieren des Kopfes mit den Händen
— Hochheben und Abtasten der Ohren und Ohrenreinigung
— Öffnen des Mauls und Kontrolle der Zähne
— Ruhiges Stehen auf einem Tisch
— Gewöhnung an das Geräusch eines Föns und eines elektrischen Rasierers
— Gewöhnung an den Geruch von Desinfektionsmittel

Hilfreich ist:
— Sitz und Platz: Viele Untersuchungen sind mit einem kooperativen Hund zu meistern, der „Sitz“ oder „Platz“ beherrscht.
— Pfote geben: „Pfote geben“ ist an den Vorderbeinen die klassische Position für alles rund um Untersuchungen der Vorderpfoten und deren Krallenpflege.
— Seitenlage: Manchmal muss der Hund beim Tierarzt in die Seitenlage – für viele eine echte Herausforderung. Die Seitenlage ermöglicht das Schneiden der Krallen oder bestimmte Ultraschall-Untersuchungen.

Pfote geben ist eine gute Vorübung für die tierärztliche Untersuchung.

Das direkte Anschauen muss ebenfalls geübt werden.

BAUSTEINE DER HUNDEERZIEHUNG

Hunde lernen immer und zu jeder Zeit. Aus diesem Grund hört Hundeerziehung auch niemals auf. Verinnerlichen Sie sich die wichtigsten Bausteine, es wird Ihnen helfen, den Alltag mit Ihrem neuen Freund zu meistern.

Darf Ihr Hund an Menschen hochspringen? Das müssen Sie für sich klären.

DIE KONSEQUENZ

Bleiben Sie immer und jederzeit konsequent. Umso wichtiger ist es, an Tagen einfach weniger vom Hund zu fordern, an denen Sie selbst müde oder abgelenkt sind oder Kopfschmerzen haben. Aber in den wenigen Alltagssituationen, die bleiben, sollten Sie so konsequent wie möglich sein.

»Hunde lernen immer und aus jeder Situation!«

Je inkonsequenter Sie in Situationen sind, umso mehr wird Ihr Hund Sie künftig infrage stellen.
Besprechen Sie im Vorfeld in der Familie, welche Dinge der Hund darf und welche er nicht darf, damit alle Familienmitglieder diesbezüglich an einem Strang ziehen. Es wird für den Hund sehr unverständlich, wenn ein Familienmitglied den Hund aufs Sofa lässt, dies von anderen aber verboten wird.
Gewisse Punkte sollten deshalb gemeinsam besprochen werden, damit jedem unmissverständlich klar ist, welche Regeln für den Hund gelten.

LERNUMFELD

Sorgen Sie für ein angenehmes Lernumfeld. Ganz besonders dann, wenn Sie mit neuen Übungen beginnen.
Hier sollte die Ablenkung zu Beginn der Übung so gering wie möglich sein. Machen Sie es dem Hund zu Beginn einer neuen Übung möglichst einfach, und minimieren Sie die Außenreize für den Hund.
Um später zu kontrollieren, wie gefestigt eine Übung oder ein Kommando ist, können Sie jederzeit das Lernumfeld schwieriger gestalten, indem Sie die Reizlage erhöhen. In der eigenen Wohnung ist der Reiz eher niedrig, der eigene Garten ist schon etwas schwieriger und entspricht einem mittleren Reiz, ein Spaziergang in fremder Umgebung entspricht einem hohen Reiz.

INNERE HALTUNG

An Tagen, an denen es Ihnen physisch oder psychisch nicht gut geht, würde ich Ihnen vom Training mit Ihrem Hund abraten. Hunde sind sehr gute Beobachter und merken sehr schnell, wenn wir nicht gut drauf sind. Manche Hunde nutzen solche Tage zu ihrem Vorteil aus, deshalb vermeiden Sie in diesen Zeiten schwierige Situationen besser. Ich selbst trainiere mit meinem Hund nur, wenn ich mich mental gut fühle und nicht unter Zeitdruck stehe. Setzen Sie sich selbst nicht unter Druck und bleiben Sie geduldig und entspannt. Übertriebener Ehrgeiz schlägt meist in Misserfolg um. Beenden Sie Übungen, wenn es gut läuft, so beenden Sie die Übung mit einem positiven Gefühl.

PERFEKTES TIMING

Egal ob Sie mit Korrekturen arbeiten, oder mit positiver Bestärkung, das gute Timing ist in der Erziehung sehr wichtig.
Man sollte möglichst innerhalb von drei Sekunden reagieren, um gewünschtes Verhalten zu belohnen oder um unerwünschtes Verhalten zu korrigieren. Denn nur innerhalb dieser Zeitspanne ist der Hund in der Lage, eine Verbindung zwischen seinem Verhalten und Ihrer Reaktion herzustellen.

Hunde sind gute Beobachter und wissen ihren Vorteil zu nutzen.

Belohnen Sie das aufmerksame Auf-Sie-Achten!

Für so aktive Hunde wie unsere Border Collies ist es bereits eine Belohnung, sich bewegen zu dürfen.

BELOHNUNGEN

Belohnungen im Hundetraining sind mehr als nur Futter. Belohnungen sind alles, was für Ihren Hund angenehm und attraktiv ist. Das kann verbales Lob, eine Kuscheleinheit, ein gemeinsames soziales Spiel oder auch das ausgelassene Flitzen über eine Wiese sein.
Belohnungen können so vielfältig sein und sind so individuell wie jeder Hund selbst. Sie werden im Laufe der Zeit lernen, welche Belohnungen für Ihren Hund attraktiv sind und worauf er am besten anspricht.

WENN ICH NICHT WEITERKOMME

Wenn Sie mit einem Erziehungsproblem nicht weiterkommen, Ihr Züchter Ihnen keinen Rat oder Hilfe geben kann, dann rate ich immer dazu, sich einen professionellen Hundetrainer zu suchen und zu kontaktieren. Oft können wenige Trainingsstunden eine weitere Verschlimmerung des Problems verhindern.

Das Ruheritual ist erlernt.

DIE RUHE

Ruhe ist, was alle Welpen, vor allem aber Welpen solcher aktiven und triebstarken Rassen wie unsere Border Collies, aktiv erlernen müssen.
Prinzipiell sollten Welpen den Großteil des Tages mit Schlafen oder Ruhen verbringen. In den ersten zwei bis drei Wochen reichen deshalb kurze Spaziergänge von plus/minus zehn Minuten aus. Trainingseinheiten von zwei bis drei Minuten, über den Tag verteilt, sind perfekt für Welpen dieses Alters, denn viel länger können sie sich zu Beginn noch nicht konzentrieren.

Sie können ihrem Hund Ruhe geben, indem Sie ihn halten.

EIN RUHERITUAL AKTIV EINFÜHREN

Ich persönlich nutze mit den Welpen ein erlerntes Ruheritual. Ich beginne es immer mit einem Spaziergang, danach folgt ein kurzes gemeinsames Spiel (gerne nutze ich hierfür ein Zergel), denn mit einem ausgeruhten Welpen macht das Ruheritual keinen Sinn.
Für das Ruheritual setze ich mich mit abgespreizten Beinen auf den Boden, nehme den Welpen zwischen meine Beine und hindere ihn erst mal nur daran, sich selbstständig aus diesem Bereich zu entfernen.
Das Endziel des Ruherituals ist, dass der Welpe sich eigenständig zwischen den Beinen ablegt und ruht oder schläft. Manche Welpen empfinden es als angenehm, wenn man sie während des Ruherituals vorsichtig und langsam abstreicht, andere Welpen pusht das eher auf, das müssen Sie einfach mal ausprobieren.
Versucht der Welpe aus dem Ruhebereich zu flüchten, hindere ich ihn daran, indem ich ihn vorsichtig festhalte. Je nachdem ob er dabei versucht zu beißen oder zu zwicken, halte ich den Welpen an Rücken und Bauch oder an der Brust vorsichtig fest. Versucht der Welpe Sie weiterhin zu zwicken, wechseln Sie die Haltepositionen einfach durch, und versuchen Sie dabei ruhig zu bleiben, alles andere pusht den Welpen nur unnötig auf.
Das Erreichen des Endziels, dass der Welpe sich in dem Ruhebereich selbstständig ablegt, kann gerade zu Beginn der Einführung dieses Rituals tatsächlich 25-30 Minuten harte Arbeit sein. Wiederholt man das Ritual aber täglich (ich mache das sogar zwei- bis dreimal pro Tag), dann findet der Welpe so von Mal zu Mal selbstständiger und schneller zur Ruhe.
Nach wenigen Tagen reicht es meist aus, sich auf den Boden zu setzen und der Welpe legt sich selbstständig zwischen den Beinen ab und schläft ein.
Solche oder andere Ruherituale helfen dem Hund, sich schneller zu entspannen. Oft kann man sich solche Rituale auch in neuen und ungewohnten Situationen mit dem Welpen zunutze machen (z. B wenn Sie bei Freunden eingeladen sind und der Welpe in der fremden Umgebung einfach nicht zur Ruhe findet).
Manchmal fordern Hunde, die solche Rituale kennen, einen auch aktiv auf, ihnen zu helfen, wenn sie selbstständig nicht zur Ruhe finden können.
Wichtig ist aber: Diese Übung macht wirklich keinen Sinn, wenn Ihr Welpe gerade geschlafen hat, denn das Gleichgewicht zwischen Beschäftigung und Ruhe sollte immer ausgewogen sein.

WENN DER WELPE BEISST UND ZWICKT

Ein typisches Welpenproblem in den ersten Wochen ist das Beißen und Zwicken in die Hände, die Beine oder in die Kleidung. Dieses Verhalten sollten Sie von Tag eins an korrigieren! Es ist auch keinesfalls als niedlich zu betrachten. Dieses Zwicken, Kneifen oder Beißen zeigen Welpen vermehrt im Spiel.
Wird der Welpe übermütig oder überdreht und fängt dann an zu zwicken oder zu beißen, brechen Sie das Spiel mit dem Welpen unverzüglich ab, indem Sie aktiv aus der Situation gehen und den Welpen ignorieren. Bei manchen Welpen hilft auch ein kurzer lauter Schrei, wenn man gebissen wird, das kommt ganz auf den individuellen Charakter des Welpen an.
Wichtig ist nur, dass man dem Welpen von Tag eins an klarmacht, welche Spielregeln es im Zusammenleben gibt und dass man als Mensch auch konsequent agiert.

DIE UNTERSCHIEDLICHEN ERZIEHUNGS-KONZEPTE

Es gibt so viele Methoden, Hunde zu trainieren und zu erziehen, dass man pauschal nichts empfehlen kann.
Dies ist ganz individuell zu betrachten und hängt vom jeweiligen Hund & Mensch-Team ab, was beide leisten können und was einem als Mensch persönlich am besten liegt.
Jeder Hund ist anders, jede Lebenssituation unterschiedlich.
Nicht jeden Hund kann man über Futter konditionieren, manche Hunde kann man besser über Spiel oder Spielzeug bestätigen. Ich selbst arbeite mit Korrekturen, das heißt, ich berichtige ein Verhalten, das der Hund zeigt, denn das bedeutet das Wort „Korrektur“. Ich erkläre dem Hund, was ich nicht haben möchte, oft reicht da ein Laut, ein PiekSen in die Seite – das hat aber nichts mit

01

„Bestrafen“ oder mit „Gewalt“ zu tun. Hunde kommunizieren untereinander auch über Korrekturen, indem sie sich anknurren, die Zähne zeigen, anrempeln oder sogar noch körperlicher werden. Ich erkläre dem Hund, was ich nicht haben möchte, und bestärke im Gegenzug das richtige Verhalten über Stimmlob, Futterlob oder Streicheleinheiten.
Elementar in der Hunde-Erziehung ist, dass man authentisch, klar, fair, konsequent und liebevoll bleibt. Klare Regeln und Grenzen sind im Umgang mit dem Hund unerlässlich, denn Grenzen, die man setzt, geben dem Hund die nötige Sicherheit. Die gesetzten Grenzen sollten klar, deutlich und stabil sein. Innerhalb dieser Grenzen kann der Hund sich frei bewegen.
Nichts verunsichert Hunde mehr, als wenn heute etwas erlaubt ist, das morgen dann verboten ist. Deshalb sind generelle Absprachen bezüglich der Dinge, die der Hund darf, wirklich wichtig.

Ein erfolgreiches Training ist abhängig vom eigenen Timing. Oft hilft es, sich beim Hundetraining zu filmen oder filmen zu lassen, um das eigene Timing und die Körpersprache zu überprüfen.
Funktioniert ein Kommando bei meinem Hund nicht mehr wie gewünscht, gehe ich wieder zurück an den Anfang und festige das Kommando erst in meinem Nahbereich, wo ich schnellen und sicheren Zugriff in reizarmer Umgebung (zum Beispiel in meinem Wohnzimmer) auf den Hund habe. Erst wenn das Kommando im reizarmen Nahbereich wieder perfekt funktioniert, steigere ich die Distanz und die Reizlage.
Bei allen für den Hund genutzten Kommandos sollten sich alle Personen im Haushalt auf einheitliche Kommandos einigen.
Kommen Sie bei einem Problem gar nicht alleine weiter, kontaktieren Sie einen Hundetrainer.

02

03

DIE WICHTIGSTEN KOMMANDOS

- Sitz
- Platz
- Rückruf
- Ein Abbruchsignal wie „Aus“, „Nein“, „Stopp“ oder „Lass das“
- Ein (bei) Fuß-Kommando

Weitere sinnvolle Kommandos

- Rechts
- Links
- Hinten oder Hinter mich

Diese Kommandos sind beim Reiten, Fahrradfahren und Joggen mit Hund wirklich praktisch.

01 Welpen verstehen schnell, dass sie den Menschen nicht zwicken sollen.

02 Ein Kommando erfolgt immer auf die gleiche Art.

03 Wenn ein Kommando gut aufgebaut ist, klappt es auch auf Distanz.

ÜBERFORDERUNG UND UNTERFORDERUNG

Beides ist absolutes Gift für diese Rasse. Bei diesen triebstarken und aktiven Hunden ist Ruhe zu erlernen wirklich elementar. Trotz allem soll der Hund keinesfalls 22 Stunden ruhen oder schlafen, die Ausgewogenheit zwischen Ruhe und Bewegung ist wichtig.

Nach einem Spaziergang sollte erst mal aktiv Ruhe eingefordert werden, ob dies auf einer Decke, dem Hundebett oder in einer Box erfolgt, ist jedem selbst überlassen.
Der Spruch „nach müde kommt doof" trifft auch bei Welpen und Junghunden zu. Dinge, die für Ihr individuelles Zusammenleben mit dem Hund wichtig sind, sollte der Welpe so früh wie möglich kennenlernen und akzeptieren.
Wenn Sie beispielsweise oft öffentliche Verkehrsmittel nutzen, dann sollten Sie dies frühzeitig gemeinsam mit dem Welpen üben und ihn so daran gewöhnen.
Wollen Sie den Hund später mit ins Büro nehmen, dann sollten Sie den Welpen schon beizeiten, in kurzen Einheiten mit zur Arbeit nehmen und ihm dort direkt schon einen Platz zuweisen, wo der Hund auch später während der Arbeit eine Chance hat, Ruhe zu finden.
Je nach Ihrer persönlichen Lebenssituation, sollten Sie den Welpen frühzeitig an solche Anforderungen heranführen; in keinem anderen Alter lernt der Welpe so einfach wie jetzt.

01 Freuen Sie sich, wenn Ihr Hund in die Entspannung findet!

02 Warten müssen ist für jeden Hund eine Herausforderung.

03 Wenn der Hund Frust ausgehalten hat, darf er zur Belohnung rennen.

01

02

DIE FRUSTRATIONS-TOLERANZ

Diese Fähigkeit ist in der Erziehung eines triebstarken Border Collies nicht wegzudenken und sollte vom Welpenalter an geübt werden.

Die Frustrationstoleranz beschreibt das Aushalten von Frust. Ein praktisches Beispiel: Ihr Hund sieht einen Artgenossen. Er soll lernen, an diesem Hund kommentarlos vorbeizugehen und das auszuhalten, ohne dabei Frust zu bekommen.

Weiteres praktisches Beispiel: Sie parken Ihren Wagen auf einem Parkplatz, aber Sie lassen Ihren Hund nicht sofort aus dem Auto und der Spaziergang startet erst ein paar Minuten später. Auch das sollte ihr Hund aushalten, ohne seinen Frust durch Bellen zu äußern.

Welpen sollten frühzeitig lernen, ein gewisses Maß an Frust auszuhalten. Sie müssen lernen, dass nicht alle ihre Erwartungen unverzüglich erfüllt werden. Welpen und Junghunde müssen verstehen, dass sie mit lautstarkem Protest nicht ans Ziel kommen.

Hierbei sollte der Mensch darauf achten, für den Welpen wichtige Dinge zeitlich herauszuzögern und den Unmutsäußerungen des Welpen nicht nachzugeben, bis der Welpe das kommentarlos akzeptiert.

Noch ein praktisches Beispiel: Ich öffne den Kofferraum und der Hund bleibt noch zwei Minuten in seiner Transportbox sitzen, ohne dass er im Kofferraum seinen Frust lauthals äußert, weil ich mir noch eine Jacke anziehe, ein Gespräch führe oder mit etwas anderem beschäftigt bin.

Das Aushalten von Frust muss man mit Welpen so früh wie möglich üben und dabei konsequent und ruhig bleiben, bis der Welpe lernt, dass Menschen seine Wünsche nicht immer sofort erfüllen.

All diese kleinen täglichen „Frustübungen", helfen dem Hund später, Frust besser aushalten zu können. Wichtig ist: Fängt der Hund an zu bellen, zu fiepsen, zu jaulen oder zu heulen, dann erfüllen Sie seine Erwartung immer erst, wenn Ruhe herrscht.

03

01

IMPULSKONTROLLE

Der zweite wichtige Baustein für triebstarke Hunde ist die Impulskontrolle. Dabei setzt man gezielt Impulse, denen der Hund nicht nachgehen darf.
Die Impulskontrolle hilft, dass der Hund lernt, nicht jedem Bewegungsimpuls nachzujagen. Bewegungsimpulse oder Bewegungsreize sind z. B. Jogger, Autos, Fahrradfahrer, Katzen, Wild oder auch rennende Kinder.
Damit wir den Hund später aus solchen Situationen abrufen können, ohne dass er einem solchen Impuls nachjagt, ist es wichtig, dies schon so früh wie möglich zu üben.
Das kann man sehr gut über ein soziales Spiel mit dem Welpen trainieren. Das bedeutet, dass der Welpe bzw. Junghund nicht jedem Spielzeug, das geworfen wird, gleich nachsetzen darf.
Man kann auch gemeinsam mit dem Welpen anderen Hunden beim Sport, beim Spielen oder anderen Aktivitäten zuschauen, ohne dabei selbst mitzumachen. Der Welpe lernt das auszuhalten.
Dies sollte man wiederholt in kleinen Einheiten mit dem Welpen trainieren. Je früher man dem Welpen diese Dinge vermittelt,

02

01 Die beiden Hunde, die gerade nicht an der Reihe sind, müssen sich selbst zurücknehmen. Sie üben sich in Impulskontrolle.

02 Der Umgang mit anderen Hunden verändert sich in der Pubertät.

umso einfacher kommt man später gemeinsam harmonisch durchs Leben.
Dazu kann man auf eine Hundewiese gehen, wo gerade etwas Aktion herrscht, und beobachtet nur still die anderen Hunde.
Hält Ihr Hund das nicht kommentarlos aus, dann vergrößern Sie die Distanz zu dem Reiz, bis der Hund das ohne Lautäußerung erträgt.

DIE PUBERTÄT ODER CHAOS IM KOPF

Die Pubertät beginnt nach der Welpenzeit. Der Hund erreicht mit der Pubertät seine Geschlechtsreife. Das Alter des Eintritts in die Pubertät variiert individuell und ist rasseabhängig.

Üblicherweise beginnt die Pubertät zwischen dem 6. und 12. Lebensmonat. Bei der Hündin beginnt die Pubertät mit ihrer ersten Läufigkeit. Beim Rüden zeigt das vermehrte Beinheben während des Urinierens, sein plötzliches Interesse für die Markierungen anderer Hunde sowie eine Tendenz zum rüpelhafteren Spiel die beginnende Pubertät. Oft geht die Pubertät mit „Spooky-Phasen" einher – alles erscheint dem Hund gruselig, was früher nie ein Problem war. Häufig finden Hunde es dann auch nicht mehr so toll, sich von jedem streicheln zu lassen.

Die Pubertät ist die große Zeit des Austestens: Alles, was vorher noch ganz gut funktioniert hat (Abruf, Abbruchsignal) wird nun vom Hund infrage gestellt, Kommandos werden verweigert und es wird getestet, wie konsequent Sie handeln.

Als Besitzer ist es elementar, in dieser Phase dem Hund eine klare Linie vorzugeben. Gerade jetzt braucht er feste Regeln und Grenzen, innerhalb deren er sich frei bewegen kann, um ihm Sicherheit zu geben.

Feste Rituale helfen, Abläufe zu schaffen, auf die sich Ihr Hund verlassen kann. Es wird ihn von der Verantwortung befreien, Situationen selber regeln zu müssen, denn damit ist ein unsicherer oder größenwahnsinniger pubertierender Halbstarker definitiv überfordert.

Doch nicht nur im sichtbaren Verhalten verändert sich etwas, auch im Inneren spielt sich eine Menge ab. Es finden im Gehirn wahnsinnig viele „Umbauarbeiten" und damit verbundene Veränderungen statt. Das Verhalten ändert sich vom emotionalen Handeln hin zum rationalen, erwachsenen und vernünftigen Verhalten.

Was ist in der Pubertät zu beachten:

- Bei Unsicherheiten an entsprechende Reize erneut gewöhnen
- In angstauslösenden Situationen soziale Unterstützung gewährleisten
- Sicherheit gewährleisten, indem man aktive Gefahren abwehrt und Schutz bietet
- Territoriale Verantwortung übernehmen, indem man zum Beispiel vorausgeht, wo potenzielle Gefahren lauern könnten
- Den Hund sichern in Situationen, wo unerwünschtes Verhalten gezeigt wird
- Kommandos wie Rückruf, Sitz, Platz nochmal festigen

WIE ÄUSSERT SICH DIE PUBERTÄT?

- Der Hund wird unabhängiger und sein Radius bei Spaziergängen wird größer.
- Das Jagdverhalten wird ausgeprägter.
- Rassetypische Verhaltensweisen treten vermehrt auf.
- Es wird mehr Sexualverhalten gezeigt.
- Das Spielverhalten verändert sich.
- Auf bekannte Reize und Situationen wird mit Angst- oder Aggressionsverhalten reagiert.

Harmonie zwischen Hunden und Katzen ist durchaus möglich.

WIE HUND & KATZ

Eigentlich ist es schon lange eher ein Gerücht als eine Tatsache, dass sich Hunde und Katzen nicht verstehen können. Allerdings sind Katzen im Gegensatz zu Hunden eher misstrauisch und nicht wie Hunde von Natur aus neugierig.

Wenn Katzen mit dem Schwanz wedeln, tun sie das meist unter größter Anspannung – beim Hund drückt das eher Freude aus. Auch das entspannte Schnurren einer Katze kann vom Hund leicht missinterpretiert werden. Die Tatsache, dass Hunde und Katzen oft eine andere Sprache sprechen, muss aber nicht zwangsläufig eine Feindschaft dieser Arten bedeuten. Mein eigener Haushalt mit fünf Hunden und zwei Katzen zeigt, dass Hunde und Katzen durchaus harmonisch zusammenleben können, wenn man ein paar Dinge dabei beachtet.

Die meiner Meinung nach einfachste Variante ist, man besitzt bereits einen Hund und bekommt eine möglichst junge Katze dazu. Meist lässt sich der Hund bei der Zusammenführung besser beeinflussen als die Katze, dazu sind Katzenwelpen einfach noch sehr neugierig, verspielt und haben meist auch keine schlechten Erfahrungen mit Hunden hinter sich. Hier klappt die Zusammenführung am unkompliziertesten. Lebt die Katze bereits im Haus und kommt ein Hund dazu, egal ob Welpe oder schon älterer Hund, ist es wichtig, dass die Annäherung immer von der Katze ausgeht, das heißt, die Katze muss den ersten Schritt machen.

Ich versuche immer, ein möglichst ruhiges Umfeld für den Erstkontakt zu schaffen und der Hund sollte so ruhig und unaufgeregt

Die Körpersprache der beiden Spezies ist total gegensätzlich.

Oft nehmen Katzen den Kontakt zum Hund auf, wenn der irgendwo liegt und schläft.

wie möglich dabei sein. Haben Sie einen Welpen, dann wäre es sinnvoll, mit diesem vor dem Erstkontakt erst mal spazieren zu gehen, damit er wenigstens etwas ausgepowert ist.

Liegt der Hund irgendwo und schläft, nutzen Katzen gerne diese Situation und nähern sich langsam und vorsichtig in ihrem individuellen Tempo, dabei nehmen sie zu allererst den Geruch des Gegenübers auf. Ist der Hund laut, zappelig und macht einen eher wilden Eindruck, wird die Katze sich meist direkt zurückziehen.

Katzen brauchen jederzeit einen sicheren Rückzugsort, der absolut tabu für den Hund sein muss. Katzen nutzen hierfür gerne höher gelegene Orte wie Fensterbänke oder einen Kratzbaum, denn von dort aus kann der Hund erst mal in Ruhe beobachtet werden. Hindern Sie den Hund auf jeden Fall daran, der Katze dort auf den Pelz zu rücken, am Kratzbaum oder der Fensterbank hochzuspringen, sie dort anzubellen oder Ähnliches.

Was man für eine Zusammenführung von Hund und Katze braucht, ist viel Zeit und Geduld. Gerade bei älteren Tieren, die vielleicht schon schlechte Erfahrungen gemacht haben, kann eine Zusammenführung mehrere Wochen dauern.

Lassen Sie den Hund nie alleine mit der Katze in einem Raum, denn es ist wichtig, dass Sie die Regeln bestimmen und die Situation jederzeit kontrollieren.

Hetzt der Hund der Katze in einem kurzen unbeobachteten Augenblick hinterher, kann das die Zusammenführung um Wochen zurückwerfen, weil die Katze das Vertrauen verloren hat.

Haben Sie Angst, zu langsam zu reagieren, sichern Sie den Hund beim Zusammentreffen lieber mit einer Leine.

Auch hier ist eine gut antrainierte Impulskontrolle super hilfreich und erleichtert Ihnen die Zusammenführung von Hund und Katze.

FÜR EIN LANGES HUNDELEBEN

— *Ernährung, Pflege und Gesundheitsvorsorge*

GESUNDE ERNÄHRUNG

Die Auseinandersetzung mit dem Thema Hundefutter kann einen verzweifeln lassen. Aber die Ernährung Ihres Hundes ist ein wichtiger Aspekt, damit Ihr Hund möglichst bis ins hohe Alter gesund und körperlich fit bleibt.

Die Vielfalt an Fütterungsvarianten und die Auswahl an Produkten auf dem Markt lassen unglaublich viele Möglichkeiten der Fütterung Ihres Hundes zu.
Es gibt die unterschiedlichsten Methoden, seinen Hund zu füttern.
Sie können Ihren Hund barfen (Rohfütterung), mit Trockenfutter, Nassfutter oder sogar vegetarisch ernähren.
Die Frage, welches das richtige Futter für Ihren Hund ist, kann man so pauschal nicht beantworten, das hängt von Ihren Lebensumständen und dem Zeit- und Kostenaufwand ab, den Sie erbringen können und wollen.
Man muss dazu jeden Hund individuell betrachten, dies ist abhängig von Alter, Aktivität, Gewicht und Gesundheitszustand (z. B. Allergien und Unverträglichkeiten) des Hundes.

FÜTTERUNG EINES WELPEN

In den meisten Fällen wird Ihnen der Züchter vorab mitteilen, welches Futter er bisher verfüttert hat, oder gibt Ihnen sogar das Futter für die ersten Tage mit.
Da der Auszug bereits zu Stress für den Welpen führt, würde ich in dieser Phase keinesfalls das Futter umstellen.
Um Durchfall in den ersten Tagen zu vermeiden, füttern Sie am besten das gewohnte Futter erst mal weiter.
Wenn Sie den Welpen auf ein anderes Futter als das des Züchters umstellen wollen, machen Sie das schrittweise und langsam, damit der Magen-Darm-Trakt sich sanft umstellen kann.
In den ersten beiden Wochen füttern Sie den Welpen möglichst so weiter, wie das der Züchter bereits begonnen hat. In dieser Zeit sollten Sie sich dann entscheiden, welche Fütterungsvariante zu Ihnen und Ihrem Hund passt.
Bei der Ernährung von Hunden gehen die Meinungen oft stark auseinander. Einige Hundehalter achten beim Futter vor allem auf einen niedrigen Preis, andere versuchen ihren Hund möglichst hochwertig zu ernähren.
Es gibt auch Hundebesitzer, die komplett auf industriell verarbeitetes Futter verzichten und sich stattdessen für die Rohfütterung entscheiden.

WELPEN-MAHLZEITEN

Als Richtwert, wenn Ihr Züchter nichts anderes empfohlen hat, gilt:

bis 3 Monate	4 Mahlzeiten pro Tag
bis 6 Monate	3 Mahlzeiten pro Tag
bis 12 Monate	2 Mahlzeiten pro Tag
ab 1 Jahr	1 oder, wenn möglich, 2 Mahlzeiten pro Tag

EXTRA:
— Fütterungsvarianten im Überblick

Diese Seite soll Ihnen helfen, die Vor- und Nachteile der verschiedenen Fütterungsmöglichkeiten zu vergleichen. Dann können Sie die für Ihren Hund passende Ernährung auswählen.

TROCKENFUTTER

VORTEILE
— Riecht kaum bis gar nicht
— Einfaches und unkompliziertes Handling
— Einfach zu lagern, transportieren und platzsparend
— Ausgewogener und gleichbleibender Energiegehalt
— Hygienisch
— Meist günstiger als anderes Futter (Nassfutter, Barfen etc.)
— Wenig Verpackungsmüll

NACHTEILE
— Schwerer verdaulich
— Meist geringer Fleischanteil
— Anfällig für Schädlinge (Futtermilben etc.)
— Schlechter verwertbar als andere Fütterungsarten
— Wenig Kontrolle über die verwendeten Inhaltsstoffe
— Meist hoher Kohlenhydratanteil (Getreide), teilweise bis zu 50%
— Oft synthetische Zusatzstoffe
— Geringer Flüssigkeitsanteil (Hund muss dementsprechend viel trinken)

Manche Hunde sind von Trockenfutter nicht begeistert.

Nassfutter ist geruchsintensiv und wird von Hunden sehr gern genommen.

- Für den Hund nicht so geschmacksintensiv wie andere Fütterungsoptionen

Achten Sie beim Füttern von Trockenfutter auf die Inhaltsstoffe! Ein hoher Anteil an Tiermehl und/oder Getreide spricht nicht für ein minderwertiges Futter. Ein hoher Anteil an Fleisch, gemischt mit Gemüse, Obst und Kräutern weist auf ein hochwertigeres Futter hin.

Beachten Sie, ob dem Futter künstliche Aromen, Konservierungsstoffe, Farbstoffe oder Geschmacksverstärker zugefügt wurden. Unterschiede gibt es zudem bei der Herstellung des Trockenfutters. Inwieweit die Nährstoffe im Trockenfutter erhalten bleiben, hängt davon ab, in welcher Form die Rohstoffe verarbeitet wurden. „Kaltgepresstes" Hundefutter enthält mehr Vitamine, ist aber weniger lang haltbar.

NASSFUTTER

VORTEILE

- Wenig Kohlenhydrate
- Bessere Verdaulichkeit
- Bedarfsdeckende Zusammensetzung
- Geruchs- und geschmacksintensiv
- Hoher Wasseranteil

Für den Menschen gewöhnungsbedürftig – der Umgang mit rohem Fleisch.

- Höherer Fleischanteil als bei Trockenfutter
- Bessere Verträglichkeit bei gesundheitlichen Problemen

NACHTEILE

- Hohes Müllaufkommen
- Nassfutter ist meist teurer als Trockenfutter
- Oft Beimengung synthetischer Zusatzstoffe
- Evtl. überhöhter Protein- und Mineralstoffgehalt
- Geöffnete Dosen sind nur wenige Tage im Kühlschrank haltbar

BARF-FÜTTERUNG

VORTEILE

- Komplette Kontrolle über Inhaltsstoffe und Zusammensetzung
- Die artgerechteste Form der Ernährung
- Verträglicher als die meisten fertigen Hundefuttersorten
- Artgerechtere Zusammensetzung
- Geruchs- und geschmacksintensiv
- Hoher Wasseranteil (von Vorteil für Wenigtrinker)
- Ration kann individuell zusammengestellt werden

NACHTEILE

- Eventuelle Hygieneprobleme
- Für Reise und Urlaub weniger geeignet
- Im rohen Fleisch können sich Parasiten und Bakterien befinden
- Bei Fütterung von Knochen kann es zu Verletzungen/Verstopfung kommen
- Höherer Zeitaufwand gegenüber anderen Fütterungsmethoden
- Mögliche Über- oder Unterversorgung von Nährstoffen

Die Kauprodukte sollten möglichst naturbelassen und luftgetrocknet sein.

Barf-Fütterung stellt eine Alternative zu industriellem Fertigfutter dar.

Beim Barfen erhält der Hund anstelle des fertigen Nass- oder Trockenfutters aus dem Supermarkt selbst zubereitete Mahlzeiten, die neben rohem Fleisch auch Obst, Gemüse, Getreide, Knochen und Kräuter enthalten sollten.
Beim Barfen ist der Besitzer in der Verantwortung, für eine ausgewogene Mahlzeit zu sorgen, die den Nährstoffbedarf des Hundes deckt.
Barfen orientiert sich am Speiseplan des Wolfs in freier Natur, so ist der Hauptanteil des Frischfutters für den Hund rohes Fleisch. Dazu kommen Vitamine, Mineralstoffe und Spurenelemente.
In freier Natur stellt ein Beutetier all das bereit. Die Leber ist reich an Kupfer und Vitamin A, die Milz ist ein Eisenspeicher, frisches Blut enthält Natrium, die Knochen liefern Kalzium, Phosphor und Magnesium. Diese Nährstoffe sind im reinen Rohfleisch nicht enthalten und müssen aus anderen Quellen bezogen werden.
Als Proteinquelle ist fast jedes Tier möglich: Rind, Geflügel, Lamm, Schaf und Ziege, Wild und Pferd.
Rohes Fleisch kann auch Parasiten und Krankheitserreger wie Salmonellen oder Campylobacter übertragen. Darum ist es wichtig, im Umgang mit dem Rohfleisch und dem Hund auf ausreichende Hygiene zu achten.

SNACKS UND KAUARTIKEL

Kauen gehört zu dem natürlichen Grundbedürfnis des Hundes. Hunde kauen z. B., um Stress zu bewältigen, um sich zu beruhigen und ebenso hilft es dem Junghund, den Zahnwechsel besser zu überstehen. Indem Hunde ihre Zeit mit dem Kauen von unterschiedlichen Kauartikeln verbringen, kann man sich dies zunutze machen, um dem Hund Wartezeiten etwas angenehmer zu ge-

Hunde besitzen ein natürliches Kaubedürfnis.

stalten. Achten Sie beim Verfüttern von Kauartikeln oder Trainingssnacks darauf, dass Sie diese Menge von der Hauptfuttermenge abziehen.

Das Kauen von gesunden Kauartikeln verbessert die Maulhygiene und verhilft dem Hund zu einer natürlichen Zahnreinigung, um durch das Kauen Ablagerungen auf seinen Zähnen loszuwerden.

Verfüttern Sie möglichst keine Kauartikel und Snacks mit unklaren Inhaltsstoffen. Zu kleine oder zu harte Kauartikel können zu Verletzungen des Hundes führen. Lassen Sie Ihren Hund nie unbeaufsichtigt mit Kauartikeln – sollte sich der Hund verschlucken, besteht Erstickungsgefahr!

Meistens werden Kauartikel aus tierischen Produkten hergestellt, es gibt inzwischen aber auch fleischfreie Alternativen.

Geweihstangen sind zwar sehr beliebt, sind aber wie auch Hartkäsestangen zu hart für das Gebiss des Hundes und können zu Zahnbruch führen. Bitte verfüttern Sie nur Kausnacks, die Sie mit dem Fingernagel eindrücken können, alles andere ist auch für die Hundezähne zu hart und schädigt sie nachhaltig.

Ochsenziemer und Rinderkopfhautplatten bieten meiner Meinung nach sehr langen Kauspaß und können bedenkenlos verfüttert werden.

Gerade Welpen hilft das Kauen von Kauartikeln durch die schmerzhafte Zeit des Zahnwechsels hindurch. Oft kommt es vor, dass Milchzähne nicht ausfallen, auch in diesen Fällen können Kauartikel den Gang zum Tierarzt ersparen, weil das Kauen oft hilft, die Zähne loszuwerden.

DER ÜBERGEWICHTIGE HUND

Sollten Sie den Verdacht haben, dass ihr Hund an Übergewicht leidet, handeln Sie bitte schnell. Wie beim Menschen führt ein zu hohes Körpergewicht zu Problemen aller Art.

Am sichersten überprüft man den Ernährungszustand, indem man die Hand auf den Rippenbogen legt, hier sollte man mit wenig bis keinem Druck die Rippen spüren können. Gerade beim Junghund im Wachstum ist Übergewicht ein ernstzunehmendes Problem; jedes Kilo zu viel belastet die Knochen und Gelenke im Wachstum.
Dick wird ein Hund, wie auch der Mensch, wenn das Verhältnis von Futtermenge zu Bewegung im Ungleichgewicht ist.

DER BODY CONDITION SCORE (BCS) BEIM HUND

Mithilfe des BCS kann man erkennen, ob der Hund Idealgewicht hat, oder ob er zu dick oder gar fett ist.

01

Mit dem BCS wird die Körperform des Hundes bewertet. Dafür muss man den Hund von oben und von der Seite begutachten und den Rippenbereich abtasten.

BCS 1: STARK UNTERGEWICHTIGER HUND

Im Becken-, Lenden-, Rippenbereich sind Knochen deutlich sichtbar. Körperfett und Muskelmasse sind nicht erkennbar. Die Rippen sind deutlich zu sehen und zu spüren.

BCS 2: UNTERGEWICHTIGER HUND

Lendenwirbel und Beckenknochen sind sichtbar. Die Taille ist sehr stark ausgeprägt. Von der Seite aus können Sie die Anhebung der Bauchlinie vor dem Becken gut erkennen. Die Rippen lassen sich gut ertasten.

BCS 3: HUND MIT NORMALEM GEWICHT

Von oben und der Seite betrachtet kann man die Taille gut erkennen. Der Hund verfügt über erkennbare Muskeln. Die Rippen sind tastbar und von einer dünnen Fettschicht bedeckt.

BCS 4: DICKER HUND (LEICHT ÜBERGEWICHTIG)

Die Taille ist nicht klar definiert. Im Lendenbereich und Schwanzabsatz zeigen sich Fettpolster. Die Rippen sind nur schwer unter der Fettablagerung zu ertasten.

BCS 5 : FETTER HUND (STARK ÜBERGEWICHTIG)

Am Brustkorb, der Wirbelsäule, dem Hals und Schwanzansatz sind deutliche Fettpolster zu erkennen. Eine Taille ist nicht mehr vorhanden. Der Hund hat, von oben betrachtet, eine ovale Form. Rippen sind nur mit starkem Druck zu ertasten. Der Bauch ist deutlich vergrößert. Seitlich betrachtet hängt er stark durch.

Zu schwer bedeutet ungesund! Leidet ein Hund dauerhaft an Übergewicht, können gleich verschiedene Bereiche des Körpers erkranken. Zu viel Gewicht schadet den Gelenken, da sie überbelastet werden. Zudem ist die Immunabwehr von dicken Hunden schlechter als von Hunden mit Idealgewicht. Auch Lunge und Zwerchfell können massiv unter dem Übergewicht leiden. Darüber hinaus entwickeln übergewichtige Hunde oft Tumore. Auch ist das Herz von Hunden mit Adipositas stärker belastet. Ist der Hund zu dick, ist das also nicht ein reiner optischer Makel, es gefährdet akut seine Gesundheit und verringert somit seine Lebenserwartung.
Zum Abnehmen empfehle ich Diätfutter, damit sich die Gesamtfuttermenge für den Hund nicht so stark reduziert. Steigern Sie die Bewegung langsam, um Knochen und Gelenke nicht zu stark zu belasten.

02

GIFTIGE LEBENSMITTEL FÜR HUNDE

- Schokolade und Kakao
- Weintrauben
- Rosinen
- Zwiebel
- Knoblauch
- Bärlauch
- Macadamianüsse
- Bittermandeln
- Avocado
- Leber in zu großen Mengen
- Brokkoli/Kohl
- Schweinefleisch
- Pilze: Die toxischen Wirkungen der einzelnen Pilze auf Hunde sind noch nicht hinreichend genug erforscht. Je nach Pilz können sie langfristig aber das Blut zersetzen, Krebs erregen sowie Leber und Niere schädigen. Daher sollten grundsätzlich keine Pilze in den Futternapf eines Hundes kommen.
- Obstkerne und Steinobst
- Bohnen
- Salz: Zusätzlich zugeführtes Salz ist für Hunde verboten.
- Verdorbene Lebensmittel
- Nachtschattengewächse (Kartoffeln, Tomaten) nie roh verfüttern
- Koffeinhaltige Getränke
- Alkohol: Alkohol kann je nach gegebener Menge für die Tiere tödlich sein.
- Zigaretten und Zigarettenkippen
- Geflügelknochen gegart nie verfüttern
- Medikamente
- Kaffee und schwarzer Tee
- Süßstoff und Lebensmittel, die Süßstoff (Xilit) enthalten

01 Füttern bei Tisch sorgt für bettelnde Hunde und fördert häufig Übergewicht.

02 Achtung giftig! Beobachten Sie genau, was Ihr Welpe ins Maul nimmt.

DIE PFLEGE DES BORDER COLLIES

Wie aufwendig die Pflege des Border Collies ist, entscheidet die Felllänge. Je nachdem welchen Haartyp Ihr Hund besitzt, umso intensiver und aufwendiger ist die Fellpflege.

Beim Kurzhaar-Border Collie ist die Fellpflege quasi zu vernachlässigen. Es reicht eine weiche Bürste oder ein feuchtes Tuch, um lose Haare oder etwas Schmutz zu entfernen.

Beim Medium Coat ist es etwas aufwendiger. Außerhalb des Fellwechsels reicht es, den Hund wöchentlich zu bürsten. Meist kommt wenig loses Fell heraus. Im Fellwechsel bürste ich meine Hunde täglich, aber auch hier merkt man die nicht sehr stark ausgeprägte Unterwolle.

Der Langhaar-Border Collie benötigt zumindest im Fellwechsel die meiste Pflege. Hier empfiehlt es sich, während des Fellwechsels die Unterwolle und das lose Deckhaar täglich auszubürsten. Der Fellwechsel kann bis zu drei Wochen andauern, ein tägliches Bürsten kann hier nötig sein.

Je nach Haartyp gibt es unterschiedliche Bürsten und Kämme zur Fellpflege und weitere nützliche Utensilien, die Sie nutzen können:

— grober Kamm
— Floh-Kamm
— Zeckenzange
— Trimmstriegel
— Noppenbürste
— Bürste mit Naturborsten
— Schere (für groben Filz oder Knoten)
— Hundeshampoo
— Handtücher oder Bademantel für Hunde

Während der regelmäßigen Fellpflege ist es sinnvoll, das Fell nach Zecken abzusuchen, hierbei kann man auch den Floh-Kamm nutzen. Achselhöhlen und der Partie rund um die Ohren sollte man immer prüfen (Filzgefahr).

Ein Floh-Kamm sollte bei der Fellpflege ebenso zur Hand sein wie eine Zeckenzange.

FELLLÄNGEN BEIM BORDER COLLIE

— Langhaar mit dichter Unterwolle (Showtyp)
— Kurzhaar
— Medium Coated (längeres Deckhaar mit wenig Unterwolle)

Gerade im Sommer empfehle ich, die Unterwolle bei den wirklich langhaarigen Border Collies etwas auszudünnen, damit der Hund nicht unter der Hitze leidet.
Das Deckhaar wird durch diese Technik nicht beeinträchtigt. Auf keinen Fall sollte man einen Border Collie scheren, da die Haare nicht gleichmäßig nachwachsen. Ein stumpfes Haarkleid ohne Struktur wäre dann die Folge und im schlimmsten Fall wird die Unterwolle des Hundes noch dichter!
Da einige Border Collies sehr dichtes Fell haben, neigt es mitunter stark zum Verfilzen, wenn es nicht regelmäßig gebürstet wird.
Ausgefallene Haare und abgestorbene Hautschuppen können auch zu massivem Juckreiz führen.
Bei starker Verfilzung helfen Entfilzungs-Sprays aus dem Fachhandel.

01

BADEN

Hunde müssen selten gebadet werden, denn sie sind von Natur aus so ausgerüstet, dass sie eines Bades nicht bedürfen. Ein Border Collie sollte nicht grundlos gebadet werden, da dies Haut und Haare angreift. Ist der Hund jedoch stark verschmutzt, sollte ein spezielles Hundeshampoo oder Babyshampoo ohne Parfum und pH-neutral verwendet werden.
Sein Haarkleid schützt ihn optimal vor Umwelteinflüssen. Mehrere Schichten Fell mit Unterwolle und Deckhaar sind durch einen Fettfilm schmutzabweisend und leiten Nässe ab. Auch die Hundehaut verfügt über eine schützende Fett- bzw. Talkschicht.

02

01 Regelmäßiges Bürsten ist nicht nur gut fürs Fell, sondern stärkt auch die Beziehung zu Ihrem Hund.

02 Das Bürsten erträgt dieser Hund, da er es als Welpe bereits gelernt hat.

Wenn nun trotzdem gebadet werden muss, stellen Sie die Wassertemperatur so ein, dass sie angenehm warm ist. Mit einem sanften Wasserstrahl beginnen Sie von den Pfoten aufwärts, den Hund nass zu machen, Kopf und Ohren sparen Sie zunächst aus.
Shampoonieren Sie den Hund vorsichtig ein. Besondere Vorsicht ist bei Kopf und Ohren geboten, denn selbst das beste Hundeshampoo brennt in den Augen. Wasser in den Ohren kann zu Ohrenentzündungen führen, vermeiden Sie das bitte.
Shampoonieren Sie Kopf und Ohren des Hundes mit einer bereits aufgeschäumten, kleinen Menge Shampoo ein. Duschen Sie den Hund anschließend mit einem sanften Wasserstrahl vorsichtig ab, bis keinerlei Seifenreste zurückbleiben.
Reiben Sie das nasse Fell bereits in der Badewanne trocken. Danach heben Sie den Hund aus der Badewanne oder führen Sie ihn aus der Dusche und erlauben Sie ihm, sich zu schütteln.
Lassen Sie den Hund an einem warmen Platz ohne Zugluft trocknen – im Winter in der Nähe der Heizung, im Sommer in der Sonne.
Ich persönlich habe für diese Fälle einen Hundebademantel, diese Anschaffung macht gerade bei Hunden, die auch viel und gerne schwimmen, Sinn.

AUGENPFLEGE

Gesunde Hundeaugen glänzen und sind frei von Fremdkörpern und Absonderungen. Die Haut um die Augen sollte gesund und normal aussehen.
Prüfen Sie täglich die Augen des Hundes und achten Sie dabei auf Anzeichen, die auf Probleme hindeuten könnten:

— Abnormales Blinzeln
— Zusammenkneifen oder Berühren des Auges mit der Pfote
— Rötungen
— Eitriger Ausfluss
— Trübungen der Linse

01

02

01 Wenn Sekret aus einem Auge auf die umgebende Haut fließt, entfernen Sie das Sekret vorsichtig mit einem feuchten und fusselfreien Tuch.

02 Ohren säubern Sie immer von innen nach außen.

03 Für die Krallenpflege benötigen Sie eine Krallenzange oder einen Krallenschleifer.

04 Der Schleifapparat ist eine gute Alternative zur Krallenzange.

Entdecken Sie diese Auffälligkeiten, stellen Sie den Hund beim Tierarzt vor.

OHRENPFLEGE

Einige Hunde haben mit Parasiten und Ohrenentzündungen zu kämpfen. Wenn der Hund wiederholt den Kopf und damit die Ohren schüttelt oder sich verstärkt kratzt, dann ist es höchste Zeit, die Ohren des Hundes zu kontrollieren, zu säubern und ggf. zu behandeln.
Eine Ohrenentzündung ist lästig und sehr schmerzhaft für den Hund. Unbehandelte Ohrinfektionen können zu dauerhaften Gehörschäden führen.
So reinigen Sie die Ohren Ihres Hundes: Die Ohren außen und innen abtasten und von Fremdkörpern und Zecken befreien. Mit einem feuchten Tuch oder Küchenpapier die Ohrmuscheln vorsichtig auswischen. Niemals Wattestäbchen für die Hundeohren nutzen!
Sollten sich die Ohren trotzdem entzündet haben oder der Gehörgang von Milben befallen sein, dann bilden sich vermehrt Sekret und dunkler Schmalz – die Ohren riechen dann auch sehr unangenehm. Suchen Sie bitte den Tierarzt auf.

KRALLENPFLEGE

Zu lange Krallen können zu Schmerzen, Bewegungsunlust und zu einem fehlerhaften Gangbild führen. Die Krallen fangen an zu splittern, zu reißen oder abzubrechen. Deshalb ist die regelmäßige Kontrolle der Krallen und deren Einkürzung sehr wichtig.
Ob die Krallen sind zu lang sind, hört man am Klackern der Krallen beim Laufen auf glatten Böden. Man kann es auch im Stehen sehen, wenn die Krallenspitze den Boden berührt.
Dass man sich beim Schneiden dem „Leben“ in der Kralle nähert, erkennt man am Rosa in hellen Krallen; bei dunklen Krallen ist es schwieriger zu erkennen, hier nutzt man besser einen Krallenschleifer und arbeitet sich schritt- und millimeterweise vorsichtig voran.
Je länger die Krallen werden, desto länger wird also auch das „Leben“ darin, das immer weiter Richtung Krallenspitze wandert. Das macht es später schwierig, die Krallen wieder auf eine normale Länge zu kürzen. Ist dies bereits passiert, sollten Sie die Krallen einmal in der Woche ein paar Millimeter abfeilen. So können sich die Blutgefäße Stück für Stück wieder zurückziehen.
Je häufiger Sie dies tun, desto schneller bildet sich der durchblutete Bereich zurück.

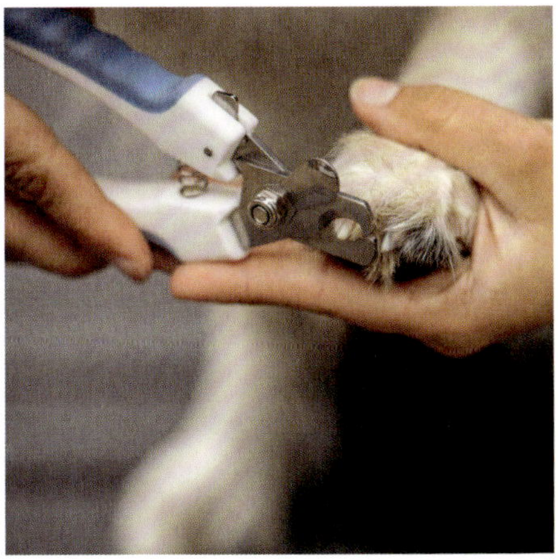

03

04

Regelmäßiges Zähneputzen beugt Problemen vor.

ZAHNPFLEGE

Viele Hundebesitzer denken, dass die Zahnpflege beim gesunden Hund unnötig wäre, schließlich muss einem Wolf auch niemand die Zähne putzen. Doch beim Wolf findet die Zahnreinigung ganz automatisch beim Fressen statt. Jedes Mal, wenn er Fleisch von einem Beutetier abbeißt, an einem Knochen nagt oder Fell in seinen Zahnzwischenräumen hat, reibt er damit auch seine Zähne sauber.

Die heutige Hundenahrung unterscheidet sich allerdings von der Nahrung des Wolfes, ein Hund muss kaum reißen oder beißen. Die heutige Nahrung ist so weich, dass es zu keiner Reibung kommt.

Dadurch bleiben Speisereste an den Zähnen, aus denen sich Plaque, dann Zahnstein, Parodontose und Karies entwickeln.

Mit der richtigen Zahnpflege entfernen Sie Speisereste und beugen so Erkrankungen, wie z. B. Zahnfleischentzündungen, vor.

Deshalb sollten Sie mit der Zahnpflege beginnen, wenn die Hundezähne noch gesund sind, am besten also bereits im Welpenalter. Zeigt der Hund bereits Symptome, ist es meist zu spät, um mit der Zahnpflege zu beginnen. Dann hat er nämlich schon Probleme und das Putzen der Zähne verursacht ihm bereits Schmerzen.

Deshalb sollte man regelmäßig das Gebiss seines Hundes auf folgende Dinge kontrollieren:

— Gelbliche oder bräunliche Ablagerungen an den Zähnen
— Dunkles, leuchtend rotes oder geschwollenes Zahnfleisch
— Zahnfleischbluten
— Grundlose starke Speichelproduktion
— Verändertes, zögerliches Fressverhalten oder einseitiges Kauen
— Mundgeruch
— Reiben oder Kratzen an der Schnauze

In all diesen Fällen ist es ratsam, den Tierzahnarzt aufzusuchen.

ZÄHNE PUTZEN LEICHT GEMACHT

Streichen Sie ihrem Hund zunächst einmal täglich mit einem sauberen Finger vorsichtig in beiden Backen über die Zähne. Lässt er das gehorsam über sich ergehen, erhöhen Sie das Training auf zweimal täglich.

Versuchen Sie dabei auch die hintersten Backenzähne zu erreichen. Gelingt dies, üben Sie das Berühren und anschließend immer auch das Berühren der Schneidezähne.

Wenn dieses Prozedere problemlos gelingt, ist es Zeit, den Hund mit der Zahnbürste vertraut zu machen (es können hier softe Babyzahnbürsten oder Hundezahnbürsten genutzt werden).

Wie zuvor mit dem Finger, schieben Sie die Bürste zunächst ohne Zahnpasta links und rechts vorsichtig ins Maul und streichen Sie dabei über alle Zähne. Gelingt dies, versuchen Sie an die Innenseiten der Zähne zu kommen und auch die Schneidezähne mit einzubeziehen.

Im letzten Schritt benutzen Sie die Zahnpasta für Hunde und beginnen nun regelmäßig mit der richtigen Zahnpflege.

Putzen Sie die Hundezähne durch vorsichtige Reibung. Der Hund sollte die Reinigung als angenehm empfinden, deshalb vermeiden Sie, die Zahnbürste dabei in die Backe zu stoßen oder am Zahnfleisch zu scheuern.

Damit der Hund das Zähneputzen akzeptiert, sollten Sie ihn möglichst schon im Welpenalter daran gewöhnen.

IMPFUNGEN

Impfungen beim Hund sind heutzutage eine Selbstverständlichkeit. Bereits die Welpen bekommen beim Züchter ihre Grundimmunisierung. Diese sollte im Alter von acht Wochen erfolgen.

Nach der „Leitlinie zur Impfung von Kleintieren" (StIKo Vet) sollten Hunde in Deutschland grundsätzlich gegen Staupe, Parvovirose und Leptospirose geimpft werden (Core-Vakzine).
Unter bestimmten Bedingungen sind individuell weitere Impfungen empfohlen wie z. B. zum Schutz gegen das Canine Parainfluenzavirus, Bordetella bronchiseptica, Hepatitis contagiosa canis (HCC) und Tollwut (Non-Core-Vakzine).
In Ausnahmesituationen kann auch eine Impfung gegen Dermatophytose, das Canine Herpesvirus (CHV-1), Leishmaniose und Lyme-Borreliose sinnvoll sein.

IMPFPLAN
8 Lebenswochen: Parvovirose, Staupe, Leptospirose, Hepatitis contagiosa canis (HCC), Bordetella bronchiseptica, Parainfluenza
12 Lebenswochen: Parvovirose, Staupe, Leptospirose, Tollwut, HCC
16 Lebenswochen: Parvovirose, Staupe
15 Lebensmonate: Parvovirose, Staupe, Leptospirose, Bordetella bronchiseptica, Parainfluenza

Intervalle für Wiederholungsimpfungen
Jährlich: Leptospirose, Bordetella bronchiseptica, Parainfluenza
Alle drei Jahre: Parvovirose, Staupe, Tollwut (nach Herstellerangabe), HCC

PARVOVIROSE

Unter dem Namen „Hundeseuche" bekannt ist die Parvovirose eine der bei Hunden am verbreitesten Infektionskrankheiten. Sie wird durch das sogenannte Canine Parvovirus (CPV) hervorgerufen, das Knochenmark und Lymphzellen sowie Thymus, Milz und Dünndarm angreift. Besonders tückisch sind diese Viren deshalb, weil sie sich über die Kotausscheidungen von infizierten Tieren verbreiten und besonders widerstandsfähig sind.

STAUPE

Hundestaupe ist eine hochansteckende Infektionskrankheit. Das Virus ähnelt dem unter Menschen verbreiteten Masernvirus und befällt insbesondere Hunde und hundeartige Tiere. In Deutschland stecken sich neben Hunden oft Wildtiere wie Füchse, Waschbären und Wiesel mit der Krankheit an. Auch wenn das Staupevirus in Deutschland bereits fast ausgerottet war, ist es in der jüngeren Vergangenheit wieder vermehrt zu Ansteckungen gekommen. Gründe hierfür sind nach der Einschätzung von Medizinern vor allem eine gewisse Impfmüdigkeit unter Hundehaltern sowie der Mangel an Lebensraum für Wildtiere, die so immer öfter in Wohngebieten und auf Ackerflächen auftauchen und in Kontakt mit Haustieren kommen.

LEPTOSPIROSE

Die Leptospirose beim Hund ist eine Infektionskrankheit, die von bestimmten Bakterien – den Leptospiren – verursacht wird. Es handelt sich um eine Zoonose, das heißt, die Krankheit kann vom Tier auf den Menschen übertragen werden und umgekehrt. Deshalb sind alle Erkrankungsfälle an das Veterinäramt zu melden. Neben Hunden erkranken viele andere Tierarten an Leptospirose, zum Beispiel Katzen, Rinder und Schweine.
Die Leptospirose kann akut (plötzlich) oder chronisch (dauerhaft) verlaufen. Ein schwerer Verlauf tritt bei der Infektion mit einer speziellen Leptospiren-Art auf, welche die sogenannte Stuttgarter Hundeseuche hervorruft. Neben allgemeinen Krankheitszeichen wie Schwäche und Appetitlosigkeit werden bei dieser Form besonders häufig die Nieren geschädigt.

TOLLWUT

Bei der Tollwut handelt es sich um eine Viruserkrankung, die vor allem von Hunden und Raubwild verbreitet wird und mit der sich auch Menschen anstecken können. Unbehandelt kann sie sowohl für Tiere als auch für Menschen tödliche Folgen haben. Durch die Auslegung von Impfködern, mit denen eine orale Immunisierung von Füchsen – den primären Trägern des Virus – erreicht werden konnte, wurde die Krankheit in Deutschland bereits vor Jahren ausgerottet. Nur in der Fledermauspopulation ist Tollwut weiterhin verbreitet.
Trotzdem kommt es gerade im Ausland und durch die Einführung von Tieren aus Übersee immer noch zu Tollwut-Diagnosen. Für außerdeutsche Reisen ist eine Tollwutimpfung deshalb Pflicht. Nach der Grundimmunisierung benötigt der Hund alle zwei bis drei Jahre eine Auffrischung.

HEPATITIS

Als Hepatitis contagiosa canis (HCC) bezeichnet man eine Virusinfektion, die heutzutage in Deutschland nicht mehr allzu weit verbreitet ist. Bei akuten Verläufen und insbesondere für ungeimpfte Tiere kann sie jedoch tödliche Folgen haben. Dabei verursacht das Canine Adenovirus-1 (CAV-1) eine schwere Leberentzündung. Unterschätzt werden darf HCC bei Hunden insbesondere deshalb nicht, weil sie in weiten Teilen Osteuropas weiterhin häufig vorkommt. In der Regel führt das Virus jedoch nur bei jüngeren Hunden (unter einem Jahr) zu ernsthaften Verläufen. Deshalb empfiehlt der Bundesverband Praktizierender Tierärzte, Welpen bereits im Alter von 8, 12 und 16 Wochen gegen HCC zu impfen und so eine Grundimmunisierung zu garantieren.

Ein Tierarztbesuch ist immer aufregend für den Hund. Er sollte dennoch lernen, bei der Untersuchung ruhig liegen zu bleiben.

PARASITEN

Viele gesunde, erwachsene Hunde zeigen oft keine Symptome, obwohl sie infiziert sind. Dies führt leider häufig dazu, dass sie nicht regelmäßig gegen Parasiten behandelt werden, was vor allem für junge, alte und immungeschwächte Hunde gefährlich ist.

Viele Hunde-Parasiten sind auch für den Menschen infektiös, weshalb man die Hunde parasitenfrei halten sollte.
Vielerorts herrscht eine hohe Hundedichte, sodass sich die Parasiten gut verbreiten können. So finden die unterschiedlichen Parasiten problemlos ständig neue Wirte, in denen sie sich weiter vermehren können. Zudem tragen Füchse im Großen und Ganzen die gleichen Parasiten in sich, auch sie verbreiten diese – selbst in der Stadt, wo der Fuchs als Kulturfolger heimisch ist.
Auch das Reisen mit Hund und der Import von Hunden aus dem Ausland lässt bisher als „exotisch" betrachtete Parasiten wie Leishmanien oder Herzwürmer in deutschen Tierarztpraxen sichtbar werden.
Ebenso sorgt die zunehmende Wärme dafür, dass exotische Parasiten hier den Winter überstehen können und die Parasiten insgesamt keine Winterpause mehr einlegen. Deshalb sollte der Hund das ganze Jahr über vor Parasiten geschützt werden.

Es gibt unterschiedliche Parasiten, die unseren Hund befallen können: Endoparasiten wie Würmer und Einzeller, die in inneren Organen wie Darm, Lunge oder Herz leben, und Ektoparasiten wie Milben, Flöhe, Zecken etc., die sich auf der Körperoberfläche ansiedeln.

WÜRMER

Würmer sind eigentlich eine ständige Gefahr für den Hund. Gerade für Welpen oder immunschwache ältere Tiere führt Verwurmung zu einer massiven Verschlechterung des Allgemeinzustands. Ob Sie den Hund alle 3, 6 oder 12 Monate entwurmen sollten, hängt vom Infektionsrisiko ab: Hat der Hund zu vielen fremden Hunden Kontakt? Gehört der Hund zu den Kot- oder Mäusefressern? Wird er mit rohem Fleisch gefüttert?
Auch bei regelmäßigem Kontakt mit Kin-

SYMPTOME EINES WURMBEFALLS

— Durchfall
— Erbrechen
— Verstopfung
— Mangelerscheinungen durch Nährstoffentzug
— Mangelnder Appetit und Gewichtsverlust
— Stumpfes Fell
— Aufgeblähter Bauch

Ein deutlicherer Hinweis auf Würmer ist es, wenn Sie im Hundekot flache, weißliche, teilweise auch bewegliche Gebilde finden. Hierbei kann es sich um Bandwurmglieder handeln.

dern sollte man den Hund besser vierteljährlich entwurmen, um eine Ansteckung der Kinder zu vermeiden.
Man kann konventionell alle paar Monate oder nach Befall entwurmen, hier wird eine Kot-Probe beim Tierarzt abgegeben oder man schickt eine Kot-Probe an ein Labor, das den Befall auswertet.
ABER!! Eine Kotuntersuchung bietet keine absolute Sicherheit! Nur ausgewachsene Würmer produzieren Eier – in einem frühen Stadium erkennt man eine Wurminfektion also nicht. Auch geben die Würmer nicht kontinuierlich ihre Eier ab, das führt auch immer wieder zu einem falsch-negativen Befund.
Je nach Alter, Immunstatus des Hundes und Wurmart führen Magen-Darm-Trakt-Parasiten zu sehr unterschiedlichen Symptomen. Oft zeigen Hunde zu Beginn gar keine Symptome.

FLÖHE

Damit hat wohl jeder Hundehalter im Laufe seines Lebens mit Hund einmal zu tun. Flöhe haben das ganze Jahr über Saison und vermehren sich rasant. In den meisten Fällen fangen sich Hunde Flöhe beim direkten Kontakt mit Artgenossen oder anderen Tieren draußen in der Natur ein. Auch die häusliche Umgebung kann mit Eiern oder Larven verunreinigt sein, sodass der Flohbefall wiederholt auftritt bzw. nicht vollständig beseitigt wird. In Haus oder Wohnung überleben Flöhe und ihre Larven besonders gut.
Auf dem befallenen Tier befinden sich nur etwa fünf Prozent der Flohpopulation, nämlich die ausgewachsenen Flöhe. Der Rest verteilt sich in der Umgebung. Aus den Eiern entwickeln sich wenige Millimeter große Larven, die sich vermehrt an Textilien wie Teppichen oder Polstermöbeln klammern. Besonders hartnäckig und widerstandsfähig sind verpuppte Larven.
Bei der Bekämpfung der Flöhe ist es wichtig, die Lieblingsplätze des Hundes zu reinigen, abzusaugen oder zu waschen – hier ist ein Dampfreiniger ein tolles Hilfsmittel zur Bekämpfung der Eier und Larven.
Die Umgebungsbehandlung ist bei einem Flohbefall nur eine Säule der Bekämpfung. Ebenso muss das befallene Tier mit geeigneten Antiparasitika behandelt werden.
Für die Vierbeiner stehen verschiedene Behandlungsmethoden zur Verfügung. Grundsätzlich kann es bei einem Flohbefall notwendig sein, ein Antiparasitikum über 2 bis 4 Monate anzuwenden, um den Flohzyklus zu durchbrechen. Erst so kann ein nachhaltiger Behandlungserfolg erreicht werden.

ZECKEN

Zecken beim Hund – die meisten kennen dieses Problem, denn durch ihre Neugier und ihren Bewegungsdrang begeben sich Hunde beinahe täglich ins Zeckenterrain. Zecken leben nicht nur in ländlichen Gebieten, sondern auch in Stadtparks, an Rastplätzen und an Uferzonen von Badeseen.
Oft reicht auch schon der Aufenthalt im eigenen Garten, um Zecken zu bekommen, deshalb sollten Hundehalter die wichtigsten Tipps kennen:
- Zecken-Hotspots meiden (z. B. hohes Gras).
- Nach jedem Spaziergang den Hund nach Zecken absuchen
- Auf eine konsequente Zeckenbehandlung achten

Nach einem Zeckenbiss kann der Hund schwer erkranken. Zecken übertragen folgende Krankheiten:
- Borreliose
- Anaplasmose
- Babesiose
- Ehrlichiose
- FSME (Frühsommer-Meningoenzephalitis)

Untersuchen Sie Ihren Hund regelmäßig auf Zecken.

Grannen können sich zwischen den Zehen befinden und in die Haut eindringen.

Die am häufigsten von Zecken befallene Körperregion beim Hund ist der Kopf, insbesondere um die Augen, Ohren, Schnauze und Kinn.
Deshalb sollte der Hund unmittelbar nach Aufenthalten im Freien an diesen Stellen gründlich abgesucht werden, um anhaftende oder herumkrabbelnde Zecken unmittelbar zu entdecken und zu entfernen.
Sie können hierzu folgende Dinge nutzen:
— Pinzette
— Zeckenzange
— Zeckenhaken
— Zeckenkarte
Bitte geben Sie weder Alkohol, noch flüssigen Klebstoff oder Öl auf die Zecke! Ziehen Sie die Zecke vorsichtig mit dem Kopf heraus und desinfizieren Sie die Stelle. Zeckenschutz-Präparate vom Tierarzt sind der sicherste Schutz gegen Zecken.

GRANNEN

Eine oft unterschätzte Gefahr beim Spaziergang sind Grannen. Das sind kleine, oft borstige Pflanzenteilchen, die sich beispielsweise an den Ähren verschiedener Getreidearten wie der Gerste befinden und das Korn umschließen. Sie verfügen über kleine Widerhaken, die beim Kontakt mit dem Hund leicht am Fell haften bleiben, wenn der Hund durch Wiesen oder Getreidefelder streift.
Die Gefahr, dass sich Grannen im Hundefell festsetzen, besteht vom späten Frühjahr über den ganzen Sommer fast bis in den Herbst. Grannen dringen leicht in Haut und Schleimhäute des Hundes ein und können schwere Entzündungen und Abszesse auslösen. Daher ist es wichtig, Grannen beim Hund schnell zu entdecken und so schnell wie möglich zu entfernen.
Durch die Widerhaken bleiben Grannen im Hundefell hängen. Beim Schütteln gelangen sie tiefer ins Fell und an die Haut. Bei Hunden sind folgende Körperregionen am häu-

figsten betroffen: Pfoten, Ohren, Nase, Augen und weniger stark behaarte Fellpartien wie Achseln und Leisten.

Ist eine Granne erst einmal in die Haut eingedrungen, wandert sie dort weiter und kann eine schwere Entzündung auslösen. Beobachten Sie Ihren Hund beim und nach dem Spaziergang genau.

Erste Anzeichen, dass sich eine Granne festgesetzt haben könnte, sind:

— Niesen
— Kratzen
— Schütteln
— Abschlecken
— Humpeln
— Zugekniffenes, tränendes Auge

Ist die Granne schon unter die Haut gewandert, treten schmerzhafte Schwellungen auf.

GRANNE IN DER PFOTE

Grannen dringen besonders oft in die Haut zwischen den Zehen der Hundepfote ein, daher sollten die Pfoten nach längeren Spaziergängen unbedingt untersucht werden.

Symptome bei Granne in der Pfote sind:

— Belecken der Pfote
— Entlasten des Beines
— Lahmen
— Gerötete Haut oder Schwellung
— Bewegungsunlust

Steckt die Granne nur oberflächlich in der Pfote, können Sie versuchen, sie mit einer Pinzette zu entfernen. Liegt die Granne bereits tiefer, muss der Hund einem Tierarzt vorgestellt werden. Dieser verschreibt in der Regel eine Zugsalbe. Hat sich bereits ein Abszess gebildet, muss der Tierarzt die Pfote operativ behandeln, um die Granne zu entfernen.

GRANNE IN DER NASE

Gelangt eine Granne in die Hundenase, ist dies für den Hund sehr unangenehm und schmerzhaft. Sie kann sogar für den Hund lebensgefährlich werden, je nachdem wie weit die Granne wandert. Es können Bronchitis, Lungen- oder Herzbeutelentzündungen folgen.

Symptome bei Granne in der Nase sind:

— Starkes, plötzliches Niesen
— Einseitiger Nasenausfluss
— Kopfschütteln
— Husten, Würgen

Vermuten Sie, dass der Hund eine Granne eingeatmet haben könnte, sollten Sie unbedingt einen Tierarzt aufsuchen. Der Tierarzt führt eine winzige Kamera in die Hundenase ein, um den Fremdkörper zu entdecken und zu entfernen.

GRANNE IM OHR

Gelangt eine Granne ins Hundeohr, kann sie tief in den Gehörgang wandern. Dort löst sie schmerzhafte Entzündungen aus, die sich bis ins Innenohr erstrecken können.

Symptome bei Granne im Ohr sind:

— Kopfschütteln
— Schiefhalten des Kopfes
— Kratzen am Ohr
— Schmerzempfindlichkeit am Ohr

Bemerken Sie diese Symptome bei Ihrem Hund und vermuten, dass die Ursache eine Granne sein könnte, sollten Sie umgehend den Tierarzt aufsuchen. Eine Granne im Ohr ist für Hunde sehr schmerzhaft.

GRANNE IM AUGE

Gerät eine Granne ins Hundeauge, kann dies eine Bindehautentzündung oder sogar eine Verletzung der Hornhaut hervorrufen. Sie kann sogar bis hinter das Auge wandern.

Symptome bei Granne im Auge sind:

— Tränendes, gerötetes Auge
— Kratzen am Auge
— Geschwollenes Auge

Gerät eine Granne ins Hundeauge, wird sie meistens durch den Tränenfluss wieder ausgespült. Manchmal bleiben jedoch winzige Pflanzenreste zurück und lösen eine Bindehautentzündung aus. Tränt das Hundeauge oder ist es schon entzündet, sollten Sie Ihren Hund unbedingt einem Tierarzt vorstellen.

Schauen Sie sich Ihren Hund an: Wirkt er aufmerksam und wach? Ist das Fell glänzend und ohne Schuppen?

MILBEN

Ein Milbenbefall beim Hund kann Haarausfall, heftigen Juckreiz und schwerwiegende Hautsymptome auslösen. In Deutschland gibt es eine ganze Reihe von Milbenarten, die den Hund befallen können.
Die Anzeichen eines Milbenbefalls beim Hund können je nach Milbenart sehr unterschiedlich sein. Häufige Symptome, ausgelöst durch die wichtigsten Milbenarten beim Hund, sind:

— Haarausfall
— Schuppen
— Pusteln
— Krusten
— Juckreiz

Sollten Sie bei Ihrem Hund Haarlosigkeit, Juckreiz, Schuppen, Krusten oder andere Hautsymptome feststellen, suchen Sie bitte Ihren Tierarzt auf.
Es ist wichtig, schnell eine gezielte Diagnose zu stellen und effektiv gegen einen möglichen Milbenbefall zu behandeln, denn Milben beeinträchtigen die Hautgesundheit und das Wohlbefinden des Hundes sehr stark. Ein Milbenbefall kann zu bakteriellen Infektionen der verletzen Haut führen, starken Juckreiz hervorrufen. Milben können auch Menschen und andere Tiere befallen.

GIARDIEN

Diese einzelligen Darmparasiten lösen wiederkehrende Durchfälle aus. Der Kot zeigt sich hell, leicht schleimig und riecht unangenehm.
Weitere Symptome können Erbrechen, Bauchkrämpfe, Blähungen und Abgeschlagenheit sein.
Für Welpen ist die Ansteckung mit Giardien eine ernstzunehmende Gefahr, da der hohe Flüssigkeitsverlust die Welpen schnell austrocknen lässt.
Besteht der Verdacht auf Giardien, sollte der Hund unverzüglich zum Tierarzt. Um eine sichere Diagnose zu stellen, benötigt der Tierarzt Kotproben von mehreren Tagen.
Es ist wichtig, den Kot des erkrankten Hundes während und nach der Behandlungsperiode sofort zu entfernen, damit eine Wiederansteckung durch den eigenen Kot und eine Ansteckung anderer Hunde vermieden wird.
Teppiche und Stoffmöbel, Körbchen, Decken und alle Spielzeuge sollten gründlich mit einem Dampfreiniger (5 Minuten bei 70 °C oder 1 Minute bei 100 °C) gereinigt werden, oder man wäscht bei hohen Temperaturen in der Waschmaschine.
Ebenso wichtig ist das Auskochen der Fress- und Trinknäpfe.
Vergessen Sie auch nicht das Auto zu reinigen, falls Sie Ihren Hund regelmäßig damit transportieren.
Zu Ihrem eigenen Schutz: Waschen Sie sich bitte gründlich die Hände, wenn Sie Kontakt mit Ihrem Tier hatten.
Alle Tiere im Haushalt müssen gleichzeitig behandelt werden, auch wenn diese keine Symptome zeigen.

DIE HÄUFIGSTEN MILBENARTEN

— Grasmilben
— Demodexmilben
— Herbstgrasmilben
— Ohrmilben

(ERB-)KRANKHEITEN BEIM BORDER COLLIE

Eigentlich ist der Border Collie eine recht gesunde Rasse, aber leider gibt es auch beim Border Collie einige Krankheiten, die vererbt werden.

Züchter, die einem Zuchtverein angeschlossen sind, müssen die Elterntiere vor der Bedeckung auf die wichtigsten Erbkrankheiten untersuchen lassen.

HD ODER HÜFTGELENKSDYSPLASIE

Die Hüftgelenksdysplasie des Hundes ist eine zumeist erblich bedingte Fehlbildung, bei der die Hüftgelenkspfanne dem Kopf des Oberschenkelknochens nicht genügend Halt bietet. Der Grad der Ausprägung kann darüber hinaus aber auch durch äußere Faktoren, wie Bewegung und Fütterung, beeinflusst werden. Die Krankheit äußert sich mit zunehmenden Bewegungsstörungen bis hin zu einer hochgradigen Lahmheit der Hinterhand. Der Verlauf der Erkrankung hängt in erster Linie von der Schwere der Gelenkveränderungen und der Beanspruchung des erkrankten Gelenks durch Bewegung und Gewicht ab. Außerdem können Alter, Größe und die Bemuskelung der Hinterhand den Krankheitsverlauf deutlich beeinflussen.

ED- ODER ELLENBOGENDYSPLASIE

Die Ellenbogengelenksdysplasie (ED) ist ein chronisch verlaufender Krankheitskomplex des Ellenbogengelenks schnellwüchsiger

Normales Gewicht hilft, Gelenkerkrankungen vorzubeugen.

Hunderassen. Die ED stellt eine vererbte Entwicklungsstörung des wachsenden Skeletts dar. Hohes Körpermassewachstum und Fütterungsfehler sind weitere begünstigende Faktoren. Die ED beginnt in der späten Wachstumsphase bei 4–8 Monate alten Jungtieren mit einer schmerzhaften Veränderung des Gelenks und der gelenkbildenden Knochenteile (Osteoarthrose) mit Lahmheit. Der Bewegungsumfang des Ellenbogengelenks ist eingeschränkt. Frühzeichen sind Steifigkeit am Morgen oder nach Ruhepausen. Die Krankheit schreitet lebenslang fort und ist nicht heilbar, eine weitgehende Schmerzfreiheit kann aber in vielen Fällen erreicht werden

MDR1-DEFEKT

Der MDR1-Gendefekt ist eine genetische Erkrankung, die zu einer Überempfindlichkeit gegenüber bestimmten Medikamenten (Medikamentenunverträglichkeit) führt. Besonders Hunde aus der Familie der Collies sind betroffen, aber auch andere Rassen oder Mischlinge können den Defekt tragen.

CEA

Bei der CEA handelt es sich um eine Erbkrankheit, bei der es zu Veränderungen an der Netzhaut des Auges kommt. CEA kann in verschiedenen Schweregraden ausgeprägt sein. In manchen Fällen sind die Veränderungen der Netzhaut nur gering, die Krankheit verläuft unbemerkt. Es kann auch zur Ausbildung sogenannter Kolobomen (Spaltbildungen) an der Eintrittsstelle des Sehnervs, zur Dysplasie der Netzhaut und der Aderhaut und zu Netzhautfalten kommen. Die Sehkraft kann beeinträchtigt werden. Bei der schlimmsten Form der CEA kommt es durch Blutgefäß-Veränderung zu Blutungen an der Netzhaut. Dies kann eine Netzhautablösung zur Folge haben, was zur Erblindung des Hundes führt. Der Schweregrad der Erkrankung verändert sich bei der CEA im Laufe des Lebens nicht, ein betroffener Hund erblindet also nicht erst im Alter. Die mildeste Form der CEA, die sogenannte CRH (chorioretinale Hypoplasie) ist beim Welpen nur bis zu einem Alter von ca. neun Wochen erkennbar, danach wird sie durch Pigment-Einlagerung überdeckt.

GLAUKOM UND GONIODYSGENESIE (GG)

Goniodysgenesie ist eine erbliche Störung, die durch eine Fehlentwicklung in der vorderen Augenkammer charakterisiert ist. Infolge der abnormalen und unvollständigen Entwicklung der intraokularen Kanäle im Auge kommt es zur Verengung oder Schließung des iridokornealen Winkels (ICA), über welchen das überschüssige Kammerwasser filtriert und abgeführt wird. Die Goniodysgenesie wird mit Entstehung des Glaukoms und der Blindheit verbunden. Das primäre Glaukom, auch Grüner Star genannt, ist eine schmerzhafte Erkrankung, bei welcher der erhöhte Augeninnendruck die Ganglionschicht der Netzhaut beschädigt und die Erblindung verursacht.

Gesunde Augen sind für einen Arbeitshund elementar.

IMERSLUND-GRÄSBECK-SYNDROM (IGS)

Das Imerslund-Gräsbeck-Syndrom ist auch als erbliche selektive Malabsorption von Vitamin B12 (Cobalamin) bekannt. Erkrankte Tiere können Cobalamin nicht über die Nahrung aufnehmen, was zu Entwicklungsverzögerungen, gastrointestinalen Symptomen, Anämie und Neutropenie führen kann.

NEURONALE CEROID-LIPOFUSZINOSE (NCL)

Typische klinische Symptome umfassen Verhaltensauffälligkeiten, Schlafprobleme, Intelligenzminderung, Demenz, Krampfanfälle, motorische Abnormalitäten wie Ataxie und/oder in vielen Fällen Sehprobleme, die zur Erblindung führen.
Auch wenn die Symptome von NCL bei Border Collies von Besitzern frühestens im Alter von 15 Monaten zu beobachten sind, können das Alter des Ausbruchs und der Schweregrad zwischen verschiedenen Individuen stark variieren. Wenn das Ausmaß der Neurodegeneration zunimmt, entwickeln alle betroffenen Hunde psychologische Auffälligkeiten und Ataxie. Der klinische Verlauf umfasst sich verstärkende Aufregungszustände und mögliche aggressive Ausbrüche, Halluzinationen (die sich als Fliegenschnappen zeigen), Hyperaktivität und epileptische Anfälle.

RAINE SYNDROME (RS)

Das Raine Syndrom wurde beim Border Collie als rezessiv vererbte Krankheit beschrieben. Die Symptome sind analog zu denen, die für die craniomandibuläre Osteopathie (CMO) beschrieben sind. Betroffene Hunde zeigen sehr starke Abnutzung der Zähne und Zahnfleischentzündungen, die zum Entfernen der Zähne führen. Die übermäßige Abnutzung der Zähne resultiert aus einer fehlenden Mineralisierung sowie einer damit einhergehenden Schwächung des Zahnschmelzes. Auch andere Knochen sind bei diesen Tieren normalerweise geringer mineralisiert.

SENSORISCHE NEUROPATHIE (SN)

Die sensorische Neuropathie beim Border Collie ist eine schwere, die Nerven betreffende neurologische Störung, bei der eine Rückbildung der für die Sinneswahrnehmungen und in geringerem Maß der für die Bewegungen verantwortlichen Nervenzellen verursacht wird (Degeneration der sensorischen bzw. motorischen Nervenzellen). Bei betroffenen Hunden zeigen sich die ersten klinischen Symptome im Alter von 2-7 Monaten und beinhalten eine sich verstärkende Störung der Bewegungskoordination (progressive propriozeptive Ataxie) mit Überdehnung (Hyperextension) der Gliedmaßen und Wunden der Selbstverstümmelung an den Gliedmaßen. Gewöhnlich sind die Hinterbeine stärker betroffen als die Vorderbeine.
Die Eigen- und Schmerzwahrnehmung (Propriozeption und Nozizeption) sind in allen Gliedmaßen vermindert bzw. im fortschreitenden Verlauf der Krankheit nicht mehr vorhanden. In einigen Fällen wurde auch von Harninkontinenz und Erbrechen berichtet.

TRAPPED NEUTROPHIL SYNDROM (TNS)

Das Trapped Neutrophil Syndrom (TNS) ist eine bei Border Collies auftretende Erbkrankheit. Da weiße Blutkörperchen (Neutrophile), die im Knochenmark produziert werden, nicht in den Blutkreislauf gelangen können, haben betroffene Hundewelpen ein geschwächtes Immunsystem und können Krankheitserreger nicht bekämpfen. Die gezeigten Symptome sind abhängig von der jeweiligen Infektion, auch der Beginn und der Schweregrad variieren. Erkrankte Hunde sterben mit maximal vier Monaten. In seltenen Fällen können betroffene Hunde mit Antibiotika und Steroiden behandelt werden, was den Tieren, wenn die Behandlung anschlägt, ein nahezu beschwerdefreies Leben ermöglicht.

EPILEPSIE

Epilepsie ist wohl die bekannteste Erbkrankheit, wenn man sich mit dem Thema Zucht und Border Collies beschäftigt. Es ist nicht allein eine Erkrankung, die den Border Collie betrifft, auch andere Rassen haben diese Krankheit genetisch verankert. Man versucht, diese Erkrankung über die passende Auswahl der Eltern zu minimieren und Linien, in der viel Epilepsie auftritt, zu meiden.

WAS IST EPILEPSIE?

Es ist eine sehr komplexe Erkrankung, bei der das Gehirn bzw. einzelne Areale übermäßig aktiv sind und Informationen weiterleiten, die man schlussendlich mit Krämpfen zusammenfassen kann. Ist der komplette Muskeltonus betroffen, verlieren die Hunde dabei ihr Bewusstsein.
Dabei unterscheidet man die ideopatische von der syptomatischen Epilepsie.

IDEOPATISCHE EPILEPSIE

Bei der ideopatischen Version handelt es sich um Anfälle, die keinen erklärbaren Auslöser haben. Die Hunde wirken gesund und munter. Oft treten die Anfälle zwischen dem ersten und fünften Lebensjahr auf.

SYPTOMATISCHE EPILEPSIE

Bei der symtomatischen Epilepsie liegen meist Vorerkrankungen bzw. Symptome vor, die das Anfallsleiden auslösen. Mögliche Auslöser können Tumore, Kopfverletzungen, Infektionen, Gifte, Leber- und Nierenprobleme oder auch niedriger Blutzucker sein.
Auch bei dieser Erkrankung wird weltweit geforscht, um sie zu minimieren.

Zeigt der Border Collie auffällige Bewegungsunlust, muss unbedingt ein Besuch beim Tierarzt erfolgen.

Abdomen-Ultraschall ab dem sechsten Lebensjahr hilft, Krebs vorzubeugen.

KREBS

Tumoröse Erkrankungen sind auch beim Hund inzwischen die häufigste Todesursache, laut einer britischen Studie, die der französische Tierversicherer SantéVet in Auftrag gegeben hat. So erliegen 27 Prozent der Hunde einem Krebsleiden, gefolgt von Herzkrankheiten mit 18 Prozent.
Tumore können an fast jeder Stelle des Körpers primär oder als Metastase entstehen. Die häufigste Tumorart stellt dabei der Gesäugetumor dar, aber auch die inneren Organe, das Weichteilgewebe und das Blut- und Lymphsystem sind verhältnismäßig oft von dieser Erkrankung betroffen.
Die Ursachen für Krebs und gutartige Tumorerkrankungen sind bisher nicht eindeutig geklärt. Eine genetische Veranlagung wirkt sich genauso begünstigend aus wie Umwelteinflüsse, chronische Erkrankungen sowie die gestiegene Lebenserwartung von Hunden.
Da das Immunsystem mit zunehmendem Alter schwächer wird und der Organismus seine Fähigkeit verliert, an der DNA entstehende Schäden zu reparieren, ist das Risiko einer Tumorbildung besonders bei älteren Hunden erhöht.
Als Therapiemöglichkeit steht an erster Stelle die chirurgische Entfernung des Tumors. Zudem können, auch im Anschluss an eine Operation, eine Chemo- oder Strahlentherapie durchgeführt und ggf. das Immunsystem mittels einer Immuntherapie aufgebaut werden. Die Wahl des optimalen Therapieschemas ist von der Tumorart und dem Stadium der Erkrankung abhängig.

DIE HÄUFIGSTEN TUMORARTEN BEIM HUND

- Hauttumore
- Tumore des Verdauungstraktes
- Gesäugetumore
- Tumore des Harn- und Geschlechtsapparates
- Tumore des Lymph- und Immunsystems
- Tumore der Hormondrüsen
- Tumore im Mund- und Rachenraum

Mag sich der Hund nicht mehr gern anfassen? Dann sollte man das tierärztlich abklären lassen.

Anzeichen einer möglichen Krebserkrankung:

- Knoten auf oder unter der Haut
- Spontane Gewichtsveränderungen
- Veränderungen im Maul
- Kurzatmigkeit/Husten
- Blutiger Durchfall/blutiges Erbrechen
- Schwierigkeiten beim Kot- und Harnabsatz
- Blutungen aus Maul, Nase oder Ohren
- Berührungsschmerzen
- Massive Verhaltensveränderungen

All diese Anzeichen können auf einen Tumor hindeuten, müssen aber nicht.

KANN MAN KREBS BEIM HUND VORBEUGEN?

Da die genauen Ursachen der meisten Krebsarten unbekannt sind, ist es schwierig, bösartigen Tumorerkrankungen vorzubeugen. Dennoch gibt es ein paar Vorsorgemaßnahmen, mit denen man die Gefahr einer Krebserkrankung senken kann. Regelmäßige Untersuchungen beim Tierarzt, denn je früher ein Krebs erkannt wird, desto besser sind die Behandlungsmöglichkeiten.

- Eine gute Mundpflege kann dem Auftreten von Maulhöhlenkrebs vorbeugen.
- Rauchen Sie nicht in geschlossenen Räumen, wenn Ihr Hund dabei ist.
- Achten sie auf hochwertiges Futter ohne chemische Zusätze.
- Tasten Sie regelmäßig Ihren Hund auf kleine Veränderungen unter der Haut ab.

UNTERSTÜTZENDE MASSNAHMEN

Für das Wohlbefinden des Hundes sorgen! Die Ernährung muss auf die Bedürfnisse des Hundes abgestimmt sein, dazu sollte das Futter schmackhaft sein, damit der Hund genügend Futter aufnimmt und so bei Kräften bleibt.

Hunden, die unter Übelkeit leiden, kann manchmal eine Magenschutztherapie helfen. Eine effektive Schmerzlinderung ist ein Muss und fördert die schnellere Genesung nach einer Operation. Physiotherapeutische Maßnahmen helfen und entspannen den Hund zusätzlich.

DER KRANKE BORDER COLLIE

Jeder Hund kann einmal krank werden, wichtig ist, dass Sie dann richtig handeln. Der Tierarzt sollte immer ihr erster Ansprechpartner sein, wenn Sie das Gefühl haben, Ihr Border Collie verhält sich auffällig.

Überlegen Sie, wann die ersten Symptome aufgetreten sind, ob es Veränderungen gab. Hat er Kot und Urin abgesetzt, bekommt Ihr Hund bereits Medikamente, all das sollten Sie Ihrem Tierarzt mitteilen können.

WAS IST ZU TUN?

Durchfall und Fressunlust können erst mal mit Schonkost behandelt werden; hält beides aber länger als zwei Tage an, sollte man auch damit einen Tierarzt aufsuchen.
Bei Durchfall empfehle ich folgendes Hausmittel: Karotten lange kochen (mindestens 1,5 Stunden), diese dann mit einem Pürierstab zu einem Brei verarbeiten, den Sie dann nach dem Abkühlen verfüttern. Sie können dazu gerne gekochtes Hühnchen geben.
Verschlechtert sich der Zustand oder hält dieser länger als 48 Stunden an, wirkt der Hund apathisch, bekommt er Fieber oder blutigen Kot, müssen Sie ihn umgehend einem Tierarzt vorstellen.
Fieber messen ist immer ein wichtiges Indiz, die Körpertemperatur sollte zwischen 38 und 39 Grad liegen.

Zeigt ein Welpe Krankheitszeichen, sollten Sie bitte unverzüglich den Tierarzt aufsuchen. Welpen dehydrieren schneller und reagieren auf vieles viel heftiger als erwachsene Hunde – lassen Sie hier bitte nicht unnötig Zeit verstreichen.

WAS SIND NOTFÄLLE?

— Allergische Reaktion
— Atembeschwerden/Atemnot
— Lahmheiten
— Starke Blutungen
— Andauernder oder blutiger Durchfall
— Wiederholtes Erbrechen
— Blutiger Harn
— Starker Husten
— Fieber oder Untertemperatur
— Krämpfe
— Schockanzeichen (blasse Schleimhäute, starkes Zittern)
— Verdacht auf Vergiftung
— Verstopfung
— Andauerndes erfolgloses Würgen
— Gleichgewichtsstörungen und torkelnder Gang
— Insektenstich im Maul und Rachenraum
— Nasenausfluss
— Ohnmacht
— Desorientierung

Bei all diesen Anzeichen suchen Sie bitte unverzüglich einen Tierarzt auf.

Humpelt der Hund, müssen die Pfotenzwischenräume untersucht werden.

Was gehört in die Hausapotheke

(Hier können Sie vieles aus einem abgelaufenen Verbandskasten aus Ihrem Auto nutzen.)

- ☐ Digitales Fieberthermometer und Vaseline
- ☐ Desinfektionsmittel
- ☐ Pinzette
- ☐ Schere
- ☐ Mullbinden, selbstklebende Binden und sterile Verbandswatte
- ☐ Heftpflaster und Klebeband
- ☐ Einmalhandschuhe
- ☐ Wund- und Heilsalbe
- ☐ Jodlösung
- ☐ Einwegspritzen aus Plastik, um dem Hund etwas eingeben zu können
- ☐ Isotone Kochsalzlösung zum Reinigen/Spülen von Wunden, Nase oder Augen
- ☐ Kohletabletten bei akutem Durchfall
- ☐ Paraffinöl bei leichter Verstopfung

MEIN BORDER COLLIE WIRD ALT

Der Border Collie gehört mit einer Lebenserwartung zwischen 12 und 15 Jahren zu den langlebigen Hunderassen. Ab dem achten Lebensjahr gehört der Border Collie zu den Senioren.

01

Das bedeutet nicht automatisch, dass der Hund nicht mehr fit ist, aber so langsam lassen Kondition, Muskelkraft, Ausdauer, Sehfähigkeit und das Hören nach.

Auch der Bewegungsdrang wird bei vielen Hunden spürbar weniger. In dieser Zeit muss man das Gewicht seines Hundes gut im Auge behalten und die Futtermenge gegebenenfalls der reduzierten Bewegung anpassen.

Allgemein nehmen die Zipperlein zu – umso wichtiger wird es, den Hund regelmäßig zu untersuchen, um Krankheiten, die jetzt vermehrt auftreten können, schon früh zu erkennen.

Oft handelt es sich um gut therapierbare Krankheiten, die man nur frühzeitig genug erkennen muss, um dem Hund noch viele schmerzfreie Jahre zu schenken.

Meine Hunde werden ab dem neunten Lebensjahr einmal pro Jahr in der Klinik auf den Kopf gestellt. Die wichtigen Organe lasse ich per Ultraschall untersuchen, es wird ein großes Blutbild und eine große allgemeine Untersuchung gemacht. Auch die Zähne lasse ich kontrollieren, die oft Probleme machen, weshalb der Hund beginnt, schlechter zu fressen.

Alte Hunde brauchen mehr Zeit, um sich auf neue Situationen einzustellen und neue Aufgaben zu verstehen, da sich Verknüpfungen im Gehirn nun langsamer bilden. Die Konzentrationsfähigkeit nimmt ab und Gehör, Nase und Augen funktionieren zunehmend schlechter. All das kann dazu führen,

dass Ihr Hund nun schreckhafter und unsicherer im Umgang wird.
Plötzliches Anfassen, der Kontakt mit fremden Hunden – all das, was früher kein Problem war – kann dem älteren Hund nun Stress bereiten, deshalb unterstütze ich meinen älteren Hund nun stärker in Alltagssituationen.
Es ist wichtig, dem Senior immer wieder kleine Aufgaben zu stellen und Tricks abzufragen, denn auch für Hunde gilt: Wer rastet, der rostet.

So schwer es fällt, man muss in seinen letzten Momenten bei seinem Hund bleiben und seinen guten alten Freund nicht alleine sterben lassen.
Eine Beerdigung im Garten ist nur nach Einholung einer Genehmigung bei der Stadt bzw. Gemeinde gestattet.
Es gibt immer mehr Tierfriedhöfe, auf denen man sein Tier bestatten lassen kann.
Man kann sein Tier auch einäschern lassen, um dann die Asche seines Tieres mit nachhause zu nehmen.

ABSCHIED

Wann ist der richtige Zeitpunkt, seinen langjährigen Gefährten seine letzte Reise antreten zu lassen? Mit dieser Frage beschäftigt sich sicher niemand gerne. Leider sterben die wenigsten Hunde friedlich im Schlaf, in den meisten Fällen muss der Mensch diese schwere Entscheidung für seinen besten Freund treffen.
Es ist sehr schwer, bei der Frage objektiv zu bleiben. Wie groß sind die Schmerzen und wie hoch ist die Lebensqualität meines Hundes noch? Bis zu welchem Punkt handelt man noch im Sinne des Hundes?
Einige Menschen spüren sehr genau, wann der richtige Zeitpunkt gekommen ist, doch wer sich da unsicher ist, hole sich Rat von seinem Tierarzt, der im Zweifelsfall eine unabhängige Einschätzung geben kann.
Viele Tierärzte schläfern die Tiere im Kreise der Familie in vertrauter Umgebung ein, anstatt die Hunde noch einmal dem Stress einer Tierarztpraxis auszusetzen.

01 Genießen Sie die Zeit mit Ihrem Hunde-Senior!

02 Der ältere Hund hat andere Vorlieben als ein ungestümer Junghund.

03 Die Ruhephasen werden bei älteren Hunden länger.

02

03

IMMER MIT DABEI — *Der Border Collie als Freizeitpartner*

Spaziergänge können spannend sein – hier ist Ihre Fantasie gefragt!

MIT DEM BORDER COLLIE UNTERWEGS

Der Border Collie ist ein aktiver und sehr triebstarker Hund, und so stehen einem viele Aktivitäten offen. Bei all dem Überangebot an Betätigungen, die man mit einem so aktiven Hund tun kann, gibt es viele Dinge zu beachten.

Vor allem ist wichtig, nicht zu früh anzufangen. Unter einem Jahr ist der Hund noch im Wachstum und man kann den Skelettapparat überlasten und dauerhaft schädigen. Was auch immer man mit seinem Border Collie gemeinsam arbeiten möchte, das Verhältnis zwischen Auslastung und Ruhe sollte immer ausgewogen sein.
Wer auf Nummer sicher gehen will, kann man vor dem Sport Hüfte und Ellenbogen (HD und ED) des Hundes röntgen lassen.

SPAZIEREN GEHEN

Ich kombiniere sehr gerne bei den normalen Spaziergängen das konzentrierte Laufen an der Leine oder bei Fuß mit Abschnitten, in denen der Hund sein Ding machen darf, wie rennen oder einfach nur intensiv schnüffeln. Auch Spaziergänge kann man interessant gestalten, indem man Steine, Bäume oder andere Gegenstände zum Klettern, Balancieren oder Umrunden nutzt.

IN DER STADT UNTERWEGS

Wenn Sie das erste Mal mit Ihrem Hund in die Stadt wollen, suchen Sie sich eine ruhige Tageszeit und am besten einen Tag unter der Woche aus. Ihr Hund muss viele neue Eindrücke verarbeiten, da kann ein trubeliger Samstag schon zu einer echten Herausforderung werden.
Ich empfehle, den Hund an neuen und ungewohnten Orten ausgiebig schnüffeln zu lassen, damit er die neue Situation besser verarbeiten kann.
Viele Menschen, Lieferverkehr, Lärm, ungewohnte Gerüche, andere Hunde – es gibt viele Reize, die auf den Hund einprasseln. Ihr Hund soll in der Stadt ruhig bei Ihnen bleiben, am besten beobachten Sie das wilde Treiben erst mal von einer Bank aus. Wiederholen Sie das so lange, bis Sie den Eindruck haben, dass den Hund der Trubel der Stadt nicht mehr beeindruckt.
Wenn das der Fall ist, können Sie mit Ihrem Hund ein bisschen bummeln gehen.
Einmal in der Woche können Sie Ihren Hund an das Stadtleben heranführen. Strahlen Sie dabei Ruhe und Gelassenheit aus, das hilft Ihrem Hund, selbst ruhig zu bleiben.
Setzen Sie sich in ein Café und trinken Sie einen Kaffee, geben Sie Ihrem Hund die Chance, alles in Ruhe zu beobachten. Hier hilft es, ihm einen Kau-Snack zu geben, das beruhigt.

BUS UND BAHN MIT HUND

Bushaltestellen und auch ein Bahnhof sind ungewohnte Orte für den Hund. Bevor man den Öffentlichen Verkehr nutzt, gewöhnt man den Hund erst mal an die Örtlichkeiten. Man setzt sich mit Abstand an den Bahnhof oder an eine Bushaltestelle. Reagiert der Hund ängstlich, vergrößert man den Abstand und beobachtet alles in Ruhe – so lernt er erst mal die Geräusche kennen.
Klappt das, verringert man den Abstand, bis der Hund keine Unsicherheiten mehr

In der Stadt prasseln viele Reize auf Ihren Hund ein.

Beim ruhigen Sitzen in einem Café lernt der Hund, die vielen Eindrücke zu ertragen.

zeigt und sich neutral verhält. Am einfachsten gewöhnt man Welpen schon direkt an öffentliche Verkehrsmittel.
Informieren Sie sich, ob es für den Hund Pflicht ist, einen Maulkorb zu tragen. Sollte das der Fall sein, gewöhnen Sie den Hund daheim zuerst an das Tragen eines Maulkorbs.
Unbedingt zu beachten: Der Hund muss angeleint sein, eventuell auch einen Maulkorb tragen. Informieren sie sich bitte im Vorfeld bei der Betreiberfirma über die Vorschriften zum Mitführen eines Hundes.
Bei Welpen kann eine Transportbox für die ersten Fahrten hilfreich sein.
Achten Sie darauf, Ihren Hund so zu platzieren, dass er nicht getreten werden kann. Während der Fahrt empfiehlt es sich, den Hund entweder zwischen die Beine zu nehmen oder so zur Seite zu nehmen, dass Sie sich als Hundebesitzer zwischen Ihrem Hund und den anderen Fahrgästen befinden. Das gibt dem Hund ein Gefühl von Sicherheit und hilft Fahrgästen, die Angst vor Hunden haben. Nehmen Sie bitte immer Rücksicht auf Mitreisende.

MIT DEM FAHRRAD

Ich persönlich fange nicht vor dem ersten Lebensjahr an, mit dem Hund Fahrrad zu fahren. Die Leinenführigkeit und der Gehorsam ohne Leine müssen gut funktionieren. Das gilt als Grundvoraussetzung für die Touren am Fahrrad. So wird der Hund mit dem Fahrrad vertraut gemacht.
Man führt den Hund erst mal vorsichtig an das Rad heran, indem man das Fahrrad zwischen sich und dem Hund positioniert und das Rad zunächst schiebt.
Sobald der Hund hier entspannt nebenhergehen kann und nicht vor das Vorderrad läuft, kann man Kurven und Richtungswechsel einbauen, damit der Hund lernt, sich am Rad zu orientieren.
Klappt das bereits, geht man dazu über, kürzere Strecken im Schritttempo zu fahren. Bitte üben Sie immer dort, wo wenig Außenreize vorhanden sind.
Beherrscht Ihr Hund all das, können Sie den ersten kleinen Ausflug starten. Wählen Sie bitte ein Tempo, dass der Hund in ruhigem Trab mitlaufen kann.

Das Laufen neben dem Fahrrad üben Sie am besten in ungefährlicher Umgebung.

Wenn sich alle Hunde an die Regeln halten, dürfen sie mit auf Tour.

Einen Hund in den Urlaub mitzunehmen, ist meist kein Problem.

REISEN MIT HUND

Wer seinen Hund nicht bei Freunden oder bei der Familie lässt oder in einer Hundepension abgibt, sondern den besten Freund mit in den Urlaub nimmt, sollte vorher folgende Fragen klären:

- Welche Einreisebestimmungen gelten in meinem Wunschland, wenn ich mit Hund einreisen möchte?
- Gibt es spezielle Vorschriften zum Führen eines Hundes an meinem Wunschreiseziel (wie Maulkorbpflicht, spezielle Rassen generell verboten usw.)?
- Ist meinem Hund das Wetter zur geplanten Urlaubszeit zumutbar?
- Wie erfolgt die Anreise und was bedeutet das für den Transport?
- Sind Hunde in meiner Unterkunft uneingeschränkt erlaubt und kostet die Mitnahme des Hundes eine zusätzliche Gebühr?

WAS IST ZU BEACHTEN?

Informieren Sie sich über die Infektionskrankheiten in Ihrem Wunschurlaubsland. Gerade in Südeuropa gibt es einige Hundekrankheiten, die durch Sandfliegen und Zecken übertragen werden. Hierzu gehören Leishmaniose, Ehrlichiose, Herzwürmer und Babesiose.

Daher sollten Sie unbedingt Vorkehrungen treffen, um Ihren Hund davor zu schützen. Halten Sie deswegen mit Ihrem Tierarzt Rücksprache, er versorgt Sie mit dem passenden Insektenschutz.

Bei zwei Hunden wird es mit der Unterkunft, aber auch wegen des Platzbedarfs beim Transport, schon schwieriger.

Was muss ins Hunde-Reisegepäck?

- ☐ Der EU-Heimtierausweis
- ☐ Futter- und Wassernapf
- ☐ Das Futter, das der Hund gewöhnt ist
- ☐ Halsband und Leine
- ☐ Maulkorb
- ☐ Transportbox
- ☐ Decke und Hundebett/Körbchen
- ☐ Zeckenzange
- ☐ Reiseapotheke
- ☐ Kotbeutel
- ☐ Handtuch
- ☐ Medikamente, wenn der Hund diese benötigt

DER REITBEGLEITHUND

Um mit Hund und Pferd entspannt Ausritte genießen zu können, gibt es im Vorfeld einiges zu beachten. Ist der Grundstein dafür erst einmal gelegt, steht gemeinsamen Ausritten zu dritt nichts mehr im Weg.

Für ein harmonisches Ausreiten mit Pferd und Hund erfordert es ein hohes Maß an Anpassungsleistung und Impulskontrolle. Dieses Training wird mit beiden Individuen sehr kleinschrittig aufgebaut. Ich persönlich trainiere Hund und Pferd immer erst einmal getrennt voneinander.

VORBEREITUNG DES PFERDES

Um ein Pferd langsam an einen Hund zu gewöhnen, nutze ich einen Hund, der Pferde bereits kennt und ihnen neutral gegenüber ist (ggf. aus dem Bekannten- und Freundeskreis).
Ich gewöhne das Pferd immer vom Boden aus an den Hund, das heißt, ich sitze dabei noch nicht im Sattel. Wenn das Pferd insgesamt sehr ängstlich ist, würde ich das erst mal auf dem Reitplatz üben. Wichtig ist immer, die Individualdistanz des Pferdes zu wahren: Reagiert das Pferd ängstlich oder gar panisch, dann vergrößern Sie den Abstand zum Hund und tasten sich langsam heran.
Ist dieser Schritt getan, dann steht ein Spaziergang mit dem Pferd und dem Hund an, dabei bin erst mal nur für das Pferd da. Es sollte sich also der Besitzer des Hundes um den Hund kümmern, ich dagegen achte beim gemeinsamen Spaziergang auf mein Pferd. Zu Beginn des gemeinsamen Spaziergangs bleibt der Hund an der Leine. Je nachdem wie gut das klappt, kann der Hund später auch von der Leine gelassen werden.
Beim nächsten gemeinsamen Spaziergang steige ich einfach mal in den Sattel und beobachte, wie mein Pferd darauf reagiert. Ist es neutral dem Hund gegenüber, dann bleibe ich im Sattel und reite den restlichen Spaziergang.

VORBEREITUNG DES HUNDES

Ich nehme meinen Hund (gerade beim Welpen wichtig) erst einmal mit an den Stall, den Reitplatz oder in die Reithalle und wir beobachten gemeinsam Pferde. Klappt das, dann beobachten wir als Nächstes Pferde, die sich möglichst in allen Gangarten bewegen, ohne dass der Hund dabei laut oder selbst aktiv wird. Ich achte darauf, dass ich dabei eine Distanz zu den Pferden wähle, die dem Hund keine Angst macht.
Das wiederhole ich immer wieder, dabei verringere ich die Distanz zu den Pferden und achte darauf, dass mein Hund neutral bleibt. Der nächste Schritt wäre ein Spaziergang mit einem Pferd, das Hunde bereits kennt. Hier kümmere ich mich ausschließlich um meinen Hund. Ich führe ihn dabei immer an der Leine. Das wiederhole ich so oft, bis ich mit meinem Hund entspannt neben dem Pferd spazieren gehen kann. Die Distanz zum Pferd verringere ich langsam, bis ich entspannt direkt neben dem Pferd mit dem Hund laufen kann und er dabei weder Angst noch andere Unsicherheiten zeigt.
Wichtig ist: Bevor man selbst in den Sattel steigt, muss der Hund wirklich gut im Gehorsam stehen!

01

02

03

04

01 Wenn sich Hunde und Pferd kennen, machen gemeinsame Ausritte viel Freude.

02 Während ich mich um das Pferd kümmere, müssen die Hunde ruhig liegenbleiben und warten.

03 Die Tiere müssen sich gegenseitig aneinander gewöhnen.

04 Viele Pferde kennen Hunde aus täglicher Begegnung, da Reiter oftmals auch Hundehalter sind.

05 Einem gemeinsamen Ausritt steht nun nichts mehr im Weg.

05

01

02

HILFREICHE KOMMANDOS AM PFERD

HINTEN

Meine Hunde können „Hinten", also hinter dem Pferd zu bleiben. Das Kommando übt man am besten ohne Pferd beim Spaziergang.

RECHTS UND LINKS

Die Seitenkommandos „Rechts" und „Links" sind sehr hilfreich an Engstellen oder beim Reiten an einer Straße.

HOCH

Im Alltag möchte man natürlich nicht, dass der Hund hochspringt und auch ich verbiete das meinen Hunden. Möchte man den Hund aber dauerhaft zum Reiten mitnehmen, macht das Hochspringen gerade bei etwas größeren Hunden aber durchaus Sinn. Man kann das Kommando „Hoch" mit einem Klopfen auf den eigenen Oberschenkel dazu nutzen, dass der Hund seitlich vom Pferd hochspringt und seine Pfoten entweder auf dem Pferdebauch, besser am Schenkel des Reiters abstützt. So kann man den größeren Hund ganz einfach vom Sattel aus an- und ableinen, ohne absteigen zu müssen. Auch das sollte man natürlich vorher auf dem Reitplatz mit einer Hilfsperson üben. Hierbei ist es wichtig, das Pferd schrittweise daran zu gewöhnen. Dem Pferd sollte man hierbei deutlich machen, dass es seine Stehposition nicht verlassen darf, dabei kann die Hilfsperson das Pferd über ein Halfter sichern.

01 Bei „Hoch" stützt sich der Hund mit seinen Pfoten am Reiterbein ab.

02 Wenn der Hund gut hört, darf er auch ohne Leine am Pferd laufen.

SITZ- ODER PLATZ AUF ENTFERNUNG

Meine Hunde lernen sehr früh „Platz" auf Entfernung. Gerade in Gebieten, wo viele Fahrradfahrer unterwegs sind, bietet sich dieses Kommando an. Beim Rückruf weiß man oft nicht, welchen Weg der Hund zurück nutzt, ob er nicht vielleicht vor dem Fahrrad den Weg kreuzt und so eine Kollision verursacht.
Ich bevorzuge es, den Hund in solchen Situationen nicht aktiv zurück zu rufen, sondern ihn an Ort und Stelle ins Platz zu legen. Beim Ausreiten mit Hund ist das „Platz" auf Entfernung auch sehr hilfreich.

SINNVOLLE AUSRÜSTUNG BEIM REITBEGLEITHUND

Ich persönlich nutze beim Ausreiten für den Hund ein gut passendes Geschirr, das den Hund keinesfalls in der Bewegung einschränkt, dazu nutze ich eine dünne Fettlederleine oder Biothane-Leine.
Größere Hunde lassen sich ja meist vom Sattel aus gut an- und ableinen, bei kleineren Hunden kann man eine dünne Leine am Hund belassen – diese hat idealerweise eine Länge von zweieinhalb Metern. Fettleder-Leinen sammeln dabei wenig Dreck und Blätter auf und verheddern sich nicht im Unterholz. Kennen Hund und Pferd das Hochspringen am Sattel oder Bein des Reiters, dann kann man die Leine vom Sattel aus aufnehmen und sie wie einen weiteren Zügel in der Hand behalten. Ist die Straße oder das Hindernis passiert, lässt man die Leine einfach fallen und erspart sich unnötiges Auf- und Absteigen vom Pferd.
Als Reiter muss ich darauf achten, nicht über die Leine zu reiten, um zu vermeiden, dass das Pferd auf die Leine tritt.

WICHTIG!

- Es gibt einiges das man beachten sollte, wenn man den Hund mit in den Stall nehmen darf und möchte. Weder in der Stallgasse, noch in der Reithalle oder auf dem Reitplatz lässt man seinen Hund frei rennen.
- Aus Rücksichtnahme ist es ebenso selbstverständlich, dass der Hund auch in den Stallungen nicht frei herumrennt, sondern auf einem ihm zugewiesenen Platz liegen bleibt, bis man zu seinem Ausritt mit Hund startet. Oder der Hund wartet im Auto, wenn die Außentemperaturen das zulassen.
- Möchte man mit dem Hund und dem Pferd Übungen machen, bei denen der Hund mit in der Reitbahn läuft, muss man alle Mitreiter um Zustimmung bitten.
- Der Hund sollte im Stall weder Mensch noch Tier verbellen, keine Katzen jagen und sich auch sonst möglichst unauffällig verhalten.

Den Hund bei Gefahr ablegen zu können, ist eine wichtige Übung, wenn man draußen gemeinsam unterwegs sein will.

DER BORDER COLLIE IM SPORT

Aufgrund der Sportlichkeit, des starken Triebs und des „Will to please" eignet sich der Border Collie für viele unterschiedliche Sparten des Sports.

Wichtig ist, was auch immer man mit seinem Border Collie macht, man sollte darauf achten, nicht nur seinen Bewegungsdrang zu stillen, sondern auch etwas zu finden, was den Border Collie vom Kopf her auslastet. Gerade wenn man einen sehr stark im Trieb stehenden Hund hat, finde ich es sinnvoll, ihn mit Suchen zu beschäftigen; alles, wo der Hund mit der Nase arbeiten und suchen muss, macht den Hund vom Kopf her müde. Beschäftigungen wie ZOS (Zielobjekt-Suche) oder Mantrailing ist für sehr aktive und eher triebstarke Hunde eine echte Alternative.

AGILITY

Unter den vielen verschiedenen Hundesportarten ist der Border Collie besonders im Agility ein Hochleistungssportler. In dem Parcours aus circa 20 Geräten müssen die Hunde über Hürden springen, durch Tunnel sowie über Laufstege, Wände und Wippen laufen, Weitsprünge überqueren, Mauern überspringen und den Slalom absolvieren. Das alles muss in der richtigen Reihenfolge, fehlerfrei und schnellstmöglich geschehen.
Weltweit ist der Border Collie aus dem Agility nicht wegzudenken. Durch seine rassetypischen Qualitäten ist er hervorragend ausgestattet, um mit enormer Geschwindigkeit und Präzision die schwierigsten Parcours zu absolvieren. In der Ausbildung zum Sport zeigt der Border Collie sich engagiert und lernt oftmals vieles in kürzester Zeit.

Für Ausbilder und Sportler ist es hierbei enorm wichtig, auch die Schwächen des Border Collie zu erkennen. Sie benötigen viele Pausen und dürfen trotz hohem „Will to please" nicht übermäßig gefordert werden. Der Border Collie bietet Arbeitswille wortwörtlich bis zum Umfallen! Auch darf mit dem Training – insbesondere dem Sprungtraining – nicht zu früh begonnen werden, um keine Verletzungen oder Schäden im Wachstum zu riskieren. Es empfiehlt sich

Es ist faszinierend zu sehen, wie engagiert ein Border Collie die Agility-Hindernisse bewältigt.

Für den gesunden Hund sind solche Sprünge gut zu bewältigen.

gegebenenfalls den Hund vor dem Leistungssport röntgen zu lassen. Man sollte unbedingt ausgebildete Trainer konsultieren.

RALLY OBEDIENCE

Bei der Sportart „Rally Obedience" (RO) muss der Hund genauso präzise arbeiten wie beim Obedience; allerdings ist es bei einer RO-Prüfung (Turnier) erlaubt zu motivieren, zu loben und dem Hund sogar nach jeder korrekten Ausführung einer Übung eine Futterbelohnung zu geben.

Beim Rally Obedience gibt es von Klasse „Beginner" bis „Klasse 3" vier Schwierigkeitsgrade, zusätzlich werden darüber hinaus auch ältere Hunde mit evtl. Einschränkungen in der Klasse „Senioren" berücksichtigt.

Rundum also eine fröhliche Teamarbeit, die Mensch und Hund in erster Linie mental fordert und bei der schnell erregbare Hunde durch ruhiges Arbeiten nicht zusätzlich gepusht werden.

Der Hund muss grundsätzlich die Fußposition sowohl links als auch rechts von Anfang an perfekt beherrschen. In einem Rally Obedience Parcours stehen im Abstand von ca. 3 bis 5 Metern Übungsschilder an der Wegstrecke, auf denen zu lesen ist, welche Übung man zu absolvieren hat. Das reicht vom einfachen „Sitz" und „Platz" sowie „Vorsitz" und „Vorplatz", bei Fuß Spiralen, Kreise, Achten und Slalom laufen, Tempo „Langsam" und „Schnell", über „Steh" und Futterablenkung ignorieren, bis hin zu Distanzkontrolle, Bleiben, Abrufen, Schicken und Hürden überwinden in den höheren Klassen.

Je besser Mensch und Hund die Übungen beherrschen und sich für die nächsthöhere Klasse qualifizieren, desto mehr Übungsschilder sind an einer Station aufgestellt, für deren Abarbeitung höchste Konzentration von beiden erforderlich ist, da die Schrittfolge zwischen den Übungen strengen Regularien unterliegt. Es gilt, die vorgeschriebenen Aufgaben präzise und dennoch möglichst zügig abzuarbeiten; bei gleicher Punktzahl gewinnt natürlich der Schnellere. Jedes Team startet bei einer Prüfung mit 100 Punkten, der Parcours besteht aus ca. 20 bis 25 Stationen, man hat maximal vier Minuten Zeit ihn zu durchlaufen, und für jeden Fehler, für Doppelkommandos, für ungenaues Arbeiten oder gar übersehene Schilder gibt es mehr oder weniger Punktabzug. Achtung: Hoher Suchtfaktor!

Der Einsatz der unterschiedlichen Sinne lastet den Hund aus und macht ihn zufrieden.

Egal, ob Obedience oder Rally Obedience, das Kommando „Platz" muss sicher ausgeführt werden können.

EXTRA:

— *Interview mit Angela Tederke zum Dogfrisbee*

Liebe Angela, stell Dich doch mal vor!

Ich bin Angela Tederke und komme aus der Region Hannover. Meine Hunde sind meine Begleiter im Alltag, und gemeinsam gehen wir dem tollen Sport Dogfrisbee oder Discdogging nach. Es versetzt einfach Glücksgefühle in uns, wenn wir zusammen spielen.

Ich bin seit 2005 in diesem Sport unterwegs, mehrfache Europameisterin, sechsmal in den USA angetreten, 18-fache Weltfinalistin, nationale und internationale Richterin, Seminarleiterin und als Entertainerin auf Events unterwegs. Dazu bin ich Choreografin, Aerobictrainerin, und ich trainiere wöchentlich meine eigene Frisbeegruppe.

Wie oft trainiert man Frisbee?

Ich selbst trainiere circa zweimal die Woche, es gibt auch Zeiten, an denen ich nicht dazu komme, regelmäßig zu trainieren und die Hunde einfach nur glückliche Familienhunde sind.

Ich übe meist nur kurze Sequenzen und nicht allzu viele Wiederholungen. Der Erfolg eines jeden Trainings liegt in der Kürze, es sollte aber effektiv sein.

Wann beginnt man mit Frisbee?

Mit dem Frisbee beginnen heißt für mich erst mal, das Einmaleins des Sports zu verstehen lernen. Wichtig ist für mich, die Kommunikation mit dem Tier aufzubauen sowie eine gute Impulskontrolle zu lernen. Das kann man auch schon im Junghundealter beginnen, z. B. Beutetausch, Motivation und das Wichtigste: ein kontrolliertes Spiel aufbauen (anfangs mit Lieblingsspielzeug, Keksen und Gummi-Frisbee).

Der Übergang zu härteren Scheiben und

Backvault-Körperabsprung: Der Hund braucht gutes Körpergefühl und Spungkraft.

Tough: Trick mit guter Kommunikation und Vertrauen.

Aufbau von kleinen Sets zu einer Choreografie ist abhängig von der Auffassungsgabe jedes einzelnen Hundes. Sprünge beginne ich erst im ausgewachsenen Alter. Die Vorarbeit ist in diesem Sport das Allerwichtigste.

Kann man mit jedem Hund Frisbee spielen?

Man kann es eigentlich mit jeder Rasse machen, sofern die Hunde gesund sind und keine körperlichen Einschränkungen haben wie HD, ED, Spondylose o.Ä.. Ich kannte sogar mal einen Mops, Dackel, Rottweiler oder Chihuahua, die Spaß an der Scheibe hatten.

Das Grenzalter ist natürlich abhängig von dem körperlichen Zustand des Hundes. Ich persönlich habe all meine Hunde bis ins hohe Alter in diesem Sport geführt (meist spielen sie im Garten mit 14 Jahren und älter noch ein bisschen mit mir). Man muss das Spiel dem Alter des Hundes entsprechend anpassen. Keine Sprünge mehr, keine wilden Wendungen, kurze passgenaue Würfe usw., quasi als reine Bespaßung.

Footstall: Trick mit viel Körperbalance und Vertrauen.

Nutzt man spezielle Frisbee-Scheiben?

Es gibt etliche verschiedene Frisbee-Modelle mit unterschiedlichen Härtegraden. So dass jeder Hund die passende Scheibe für sich findet.

Wie beginnt man mit Frisbee?

Um in diesen Sport einzusteigen wäre es sinnvoll, durch Anleitung eines Trainers zu lernen oder viele Seminare zu besuchen, wo man durch erfahrene Ausbilder gleich richtig geschult wird.

Das fängt beim richtigen Warm-Up an und hört beim guten Cool-Down auf. Denn wer in diesem Sport mal mehr möchte, sollte auf die richtige Sprungtechnik, Flug- und Landeverhalten achten und sein Tier vorher röntgen lassen, um bis ins hohe Alter gesund und fit zu bleiben.

Gibt es No-Go's?

No-Go's sind für mich zum Beispiel ohne Aufwärmung zu trainieren, wilde Sprünge ohne Hintergrundwissen aus dem Internet nachmachen, Hunde mit Aufgaben überfordern, mit Druck zum Erfolg trainieren.

»Der Erfolg ist das Ergebnis eines perfekten Teams. Und die Wurzel dazu liegt in den Kinderschuhen.«

ZOS (ZIELOBJEKTSUCHE)

Bei der Zielobjektsuche geht es darum, den Hund auf verschiedene Gegenstände zu konditionieren, die er später auf Anweisung in unterschiedlich strukturierten Parcours finden und anzeigen soll. Hierbei sollte zu Beginn der Ausbildung mit einem einzigen Gegenstand angefangen werden, damit der Hund nicht überfordert wird, z. B. einem Kugelschreiber.

Es handelt sich also um eine besondere Form der Spürarbeit, bei der die Hunde ihren extrem gut ausgeprägten Geruchssinn einsetzen und im engen Zusammenspiel mit dem Besitzer arbeiten.

Hat der Hund das Prinzip der ZOS erst einmal verstanden, kann man die Zielobjektsuche nahezu überall ausüben, um seinen Border Collie zu beschäftigen – ob in der eigenen Wohnung bei schlechtem Wetter, auf den täglichen Spaziergängen oder eben auf dem Profi-Gelände der Hundeschule unter Wettkampfbedingungen.

MANTRAILING

Als Mantrailing bezeichnet man die Suche nach einer Person mit Hilfe eines Hundes und anhand eines Geruchsstoffs der Zielperson. Der Hund wird an jener Stelle angesetzt, wo man die vermisste Person zuletzt vermutet, und kann sie von dort aus im Idealfall bis zum aktuellen Standort verfolgen. Für das Mantrailing werden insbesondere Gebrauchs- bzw. speziell ausgebildete Rettungshunde eingesetzt.

Beim Mantrailing orientiert sich der Hund vorrangig an Geruchspartikeln, die jedes Lebewesen zwangsläufig verliert.

Diese Geruchspartikel sind so unterschiedlich wie ein Fingerabdruck. Die Hunde können deshalb die vielen Gerüche in ihrer Umgebung genau unterscheiden. Die Profis unter den Mantrailern können nicht nur neuen Spuren, sondern auch älteren Spuren folgen. Viele Hundeschulen bieten Mantrailing an. Außer einem gut sitzenden Geschirr und einer Leine braucht es nur ein paar individuelle Belohnungen für den Hund.

Das Suchen kann überall erfolgen – auch als kurze Abwechslung beim Spaziergang.

Die Aufgabe beim Mantrailing besteht darin, dass der Hund eine versteckte Person findet.

RETTUNGSHUNDE-STAFFEL

Der selbstständig arbeitende Border Collie, der genetisch dazu veranlagt ist, sich auch aus der Ferne gut lenken zu lassen, gekoppelt mit seiner Laufbereitschaft und dem Arbeitswillen, ist ein hervorragender Rettungshund, unter anderem in der Flächensuche. Anstatt Schafe zu hüten lernt er hier, den menschlichen Geruch auf einer Fläche zu scannen und diesen zu seiner Quelle zurückzuverfolgen. So kann er in 20–30 Minuten eine Fläche von 20–30.000 Quadratmetern absuchen. Für diese Fläche bräuchten 100 Helfer rund einen halben Tag.

Beim Auffinden des Opfers verbleibt der Hund vor Ort, zeigt durch Bellen den Fund an und führt seinen Hundeführer durch anhaltendes Bellen zum Fundort. Er ist dabei mit allen seinen hervorragend ausgebildeten Sinnen im Einsatz.

Die Ausbildung beginnt bei der Rettungshundestaffel schon im Welpenalter und dauert je nach Hund zwischen eineinhalb und drei Jahre. Als Zusatzausbildung kann der Flächensuchhund noch eine Trümmer-Ausbildung machen. Bei dieser Ausbildung hilft zusätzlich zu allen oben genannten Eigenschaften seine Leichtfüßigkeit. Der Rettungshund lernt, Opfer anzuzeigen, die er nicht sieht, sondern nur riecht. Das ist für den Hund eine anspruchsvolle Aufgabe.

Wer für seinen Border Collie eine wirklich umfassende Beschäftigung sucht und sich dazu noch in einem Ehrenamt betätigen möchte, findet in der Rettungshundearbeit eine tolle Beschäftigung.

Solche Tricks haben Charme und sorgen für gute Laune bei Mensch und Tier.

TRICKDOGGING ODER TRICKSEN MIT DEM HUND

Das Erlernen von Tricks bzw. das Trainieren von kleinen Kunststücken geht von einfachen bis zu sehr schwierigen und komplexen Tricks. Tricksen mit Hund lässt sich ohne viel Aufwand und bei jedem Wetter auch gut zu Hause durchführen.
Tricksen kann man mit Hunden jeden Alters, das ist auch für gesundheitlich etwas angeschlagene Hunde eine super tolle Beschäftigung.
Der Border Collie lernt sehr schnell neue Kunststücke.
Wir tricksen im Winter bei schlechtem Wetter sehr gerne und suchen uns immer Tricks aus, die ich für mein Hobby Hundefotografie gut nutzen kann.
Durch das Erlernen von Kunststücken wird die geistige Aktivität des Hundes auf spielerische Weise gefordert. Es beschäftigt den Hund und stärkt sein Selbstvertrauen. Es verlangt eine hohe Konzentration und macht den Hunden meist mehr Spaß als herkömmliche Gehorsamsübungen. Es verbessert die Bindung, denn Tricksen ist immer eine Teamarbeit.
Man beginnt mit einfachen Tricks, wie Pfötchen geben, Winken, Verbeugen oder Gegenstände im Maul halten, da gibt es wirklich wundervolle Kunststücke. Gerade im Netz findet man viele Anleitungen zum Erlernen dieser Tricks.

HÜTEN MIT DEM BORDER COLLIE

Wer einmal einem Border Collie bei der Arbeit zusehen durfte, ist meist absolut fasziniert von diesem Anblick. Für mich sieht ein Border Collie nie schöner, eleganter und anmutiger aus, als wenn er hütet.

Hüten ist für mich persönlich die beste Beschäftigung und artgerechteste Auslastung für einen Border Collie. Allerdings wurde ja schon in den vorherigen Kapiteln erwähnt, dass aus vielen Border Collie-Linien, vor allem hier in Deutschland, die Hütefähigkeit, der Wille und das Talent zu hüten herausgezüchtet wurde.

Dass Border Collies hüten wollen und können, machte doch einigen Besitzern große Probleme. So hat man nur mit den Border Collies weitergezüchtet, die keine oder wenig Veranlagung zum Hüten gezeigt haben, um einen möglichst angepassten schönen Hütehund zu haben, aber bitte ohne die Eigenschaften eines solchen.

Der Border Collie in seinem Element – dem Hüten.

Jedoch ist das Hüten für die Border Collies, die genetisch noch die Veranlagung dazu haben und somit auch das Talent und den „Sheep sense" zeigen, die artgerechteste und für den Hund auch die befriedigendste Beschäftigung. Sie vereint die Kooperationsbereitschaft, den Bewegungsdrang und die Konzentrationsfähigkeit mit dem Sinn, die Schafe lesen zu können.

Es gibt so vielfältige Jobs, die Border Collies am Schaf können müssen. Sie finden selbstständig im unwegsamen und unübersichtlichen Gelände weit verstreute Schafe und treiben diese zum Schäfer zurück, damit der Schäfer überprüfen kann, ob alle Schafe vollständig und unversehrt sind.

Oder sie treiben große Herden über weite Distanzen auf andere Weideflächen – wofür der Schäfer vielleicht ein Quad, Auto oder ein anderes Fahrzeug nutzt – auch hier muss der Hund selbstständig, ohne viele Kommandos die Tiere in die gewünschte Richtung bewegen.

Natürlich gibt es auch filigrane Arbeiten, z. B. wenn der Schäfer mit Hilfe des Hundes einzelne Tiere aus einer großen Herde separieren und gegebenenfalls medizinisch versorgen muss.

All diese Arbeiten an und mit Schafen sind ohne Hund eigentlich nicht wirtschaftlich ausführbar. Umso wichtiger ist in meinen Augen, dass diese Arbeitsrasse nicht vollständig zum 08/15-Familienhund degradiert wird, sondern dass all die Linien weiterhin aktiv erhalten werden, die noch hüten können und auch sollen.

Ein Border Collie, der das Hüten ausleben darf, strahlt ein besonderes Selbstbewusstsein aus.

WIE ARBEITET EIN BORDER COLLIE?

Der Border Collie arbeitet mit seiner ganz typischen Arbeitshaltung: dem abgesenkten Körper, dem schleichenden Gang und dem starren Blick.
Um die oft weit verstreuten Schafe in schwierigem Gelände zusammenzutreiben, läuft der Border Collie in einem großen Bogen (Cast genannt) um die Schafe und treibt diese mithilfe seiner Haltung, seinem Vorwärtsdrang und dem natürlichen Fluchtreflex der Schafe dem Schäfer zu.
Um möglichst sanft und vorausschauend zu arbeiten, benötigt der Border Collie den „Sheep Sense". Dieser lässt ihn erkennen, wie viel Druck die Schafe benötigen und wie er sie möglichst kontrolliert und ruhig vorwärts bewegen kann.

Der Hund muss hochkonzentriert sein.

Die geduckte Haltung ist typisch für den Border Collie bei der Arbeit.

Der erfahrene Border Collie weiß genau, wie viel er treiben darf.

Die Schafe merken schnell, ob der Hütehund Erfahrung hat oder nicht.

WANN BEGINNT DIE HÜTE-AUSBILDUNG?

Um mit einem Junghund zu beginnen, startet man meist zwischen dem sechsen und dem zwölften Monat.
Wenn man genügend Erfahrung hat, junge Hunde anzutrainieren, kann man das selbstständig tun, ansonsten rate ich dazu, ein Hüte-Seminar zu besuchen. Termine für solche Seminare findet man auf der Seite der Arbeitsgemeinschaft Border Collie (ABCD e.V.).
Abraten würde ich allen, die nur mal testen wollen, ob ihr Border Collie hütet. Wenn später keinerlei Interesse oder auch die Möglichkeit besteht, diese Arbeit weiter zu betreiben, sollte der Hund das Hüten nicht einfach nur mal so, aus einer Laune heraus ausprobieren. Denn das Antesten ist für den jungen Hund und natürlich für die Schafe großer Stress, und ich persönlich empfinde es als unfair, das den Tieren zuzumuten, wenn kein ernsthaftes Interesse an der Hütearbeit besteht. Deshalb sollte man sollte sich vor dem Antesten seines Border Collies im Klaren darüber sein, ob man wirklich die Zeit und Lust und auch die Möglichkeiten hat, das Hüten später wirklich weiter zu betreiben.
Wenn man jedoch Spaß daran gefunden hat, gibt es auch die Möglichkeit, seinen Hund in Hüte-Wettbewerben starten zu lassen.

DAS TRIAL

Durch die in der ABCD e.V. veranstalteten Trials (Hütehund-Wettbewerbe) sollen die Arbeitseigenschaften von Koppelgebrauchshunden geprüft werden. Diese Art der Wettbewerbe, deren einzelne Aufgaben die tägliche Arbeit am Vieh widerspiegeln, ist ursprünglich in Großbritannien entstanden und findet in dieser Form heute weltweit Anwendung. Die folgenden kurzen Beschreibungen des grundlegenden Systems der Trials sollen helfen, den Ablauf eines solchen Wettbewerbs zu verstehen.
Die einzelnen Aufgaben variieren in den Klassen:
Klasse 1: Anfänger
Klasse 2: Fortgeschrittene
Klasse 3: Offene Klasse
Für jeden Durchlauf ist eine Zeitbegrenzung gesetzt.

DER PARCOURS

Die Parcoursgestaltung eines Trials richtet sich nach dem jeweiligen Gelände. Der Lauf ist in unterschiedliche Aufgaben unterteilt, für die bestimmte Punktzahlen erreicht werden können.

Diese Aufgaben sind bei einem klassischen Trial:

- Suchlauf zum Einholen der Schafe aus einer gewissen Distanz (Outrun)
- Übernahme und In-Bewegung-Setzen der Schafe (Lift)
- Bringen der Schafe zum Hundeführer (Fetch)
- Treiben: Wegtreiben, Quertreiben, Bringen (Drive)
- Abtrennen von zwei Schafen (Shed)
- Einpferchen (Pen)
- Abtrennen eines Schafes (Single)

Der Lauf beginnt mit dem Outrun des Hundes und geht fließend zum Lift und Fetch über. Der Hund sollte die Schafe vom ersten Augenblick an, wenn er sie in Bewegung bringt, unter Kontrolle haben: streng, aber ohne sie zu ängstigen. Diese Methode der ruhigen, souveränen Arbeitsweise ist dem Border Collie eigen, dem einen mehr, dem anderen weniger, und der Zuschauer wird sehr bald herausfinden, welcher Hund die Gabe besitzt, Ruhe und Sicherheit auf die Schafe zu übertragen.

Bei einem klassischen Parcours erfolgt das Treiben in Dreiecksform. Der Hund treibt die Schafe zunächst um Hundeführer (im Folgenden „Handler“ genannt) und Startpfosten herum, danach weg vom Handler in Richtung eines Tores. Damit beginnt der Drive. Nachdem die Schafe auf gerader Linie das Tor passiert haben, kippt der Hund die Schafe auf ein Quertreiben, das durch ein zweites Tor führt. Schließlich bringt der Hund die Schafe in die Mitte eines markierten Ringes (Durchmesser ca. 36 m), der sich in der Nähe des Startpfostens befindet. Wenn sich die Schafe gut treiben lassen und sie die Hindernisse des Parcours erfolgreich passieren, heißt das nicht unbedingt, dass die volle Punktzahl angerechnet wird. Dies hängt davon ab, ob von einem Hindernis zum anderen eine gerade Linie gewahrt wurde. Ein Abweichen von dieser geraden Linie wird mit Punktabzug bestraft. Die Schafe sollen in ruhiger, gleichmäßiger Weise über den Parcours getrieben werden. Anhalten oder Fortlaufen sowie zu hastige oder schlampige Arbeit des Hundes kosten Punkte.

Shed, Pen und Single sind Aufgaben in der Naharbeit und daher echte Teamarbeit von Mensch und Hund. Die Arbeit sollte so ruhig wie möglich erfolgen.

Unbedingter Gehorsam und eine gute Ausbildung sind für die präzise Arbeit auf dem Parcours notwendig. Das Missachten von Befehlen oder ein übermäßiges Korrigieren durch den Hundeführer sind unerwünscht. Der Richter muss während des ganzen Laufs alles in Betracht ziehen, z. B. das Verhalten der Schafe und ihre Reaktionen auf das Umfeld. Er muss die Schafe, den Hund und das Verhalten des Handlers beurteilen und erkennen, wem Fehler anzulasten sind. Dabei entscheidet er über die Höhe des Punktabzugs oder ggf. über die Disqualifikation eines Hundes.

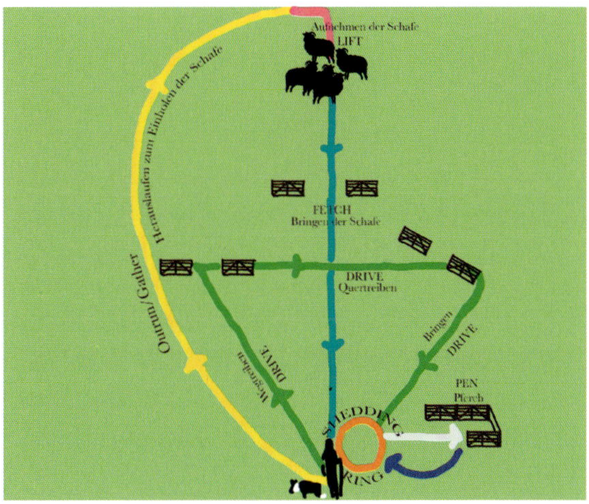

Schema einer Trial-Aufgabe.

Hendrik Kienker: Europameister mit Dell (rechts) und Deutscher Meister mit Star (links).

EXTRA:

— *Interview mit Hendrik Kienker*

Stell dich bitte mal kurz vor!

Mein Name ist Hendrik Kienker, 31 Jahre alt, und ich lebe in einem kleinen Dorf an der Mecklenburgischen Seenplatte und betreibe dort eine Hundeschule, spezialisiert auf die Ausbildung von Border Collies zur Arbeit an Schafen. Außerdem betreiben wir noch Landschaftspflege mit unseren Schafen.

Seit 2015 laufe ich mit meinen Hunden in der höchsten Wettkampfklasse in Deutschland und bin in den sieben Jahren bis heute fünfmal Deutscher Meister, zweimal Deutscher Vize-Meister und als erster und bis jetzt einziger Deutscher Europameister geworden.

Wie bist du zum Hüten gekommen?

Nachdem mein erster Hund, ein West-Highland-Terrier, 2011 verstorben war, stellte sich schnell die Frage nach einem Nachfolger. Nach kurzer Google-Recherche, was denn nun das Nonplusultra in der Hundewelt ist, begann auch schon die Suche nach seriösen Züchter in der Nähe, um sich mal ein realistisches Bild von der Rasse Border Collie zu machen.

Zu meinem großen Glück befand sich in

Dell (Mydell).

Hendrik und Star auf der EM 2022 in Frankreich.

unmittelbarer Nähe zu meinem damaligen Wohnort die Züchterin Ingrid Stottmann, ein langjähriges Mitglied der ABCD e.V., die, wie es der Zufall wollte, an diesem Nachmittag auch gleich ein Hüte-Training für ein paar Leute aus der Region gab.

Vom ersten Moment an fasziniert von der Intensität, Energie und dem Leuchten in den Augen dieser eben noch so lustig und albern wirkenden Hunde, war nach diesem einen Training, bei dem ich ja nur zugeschaut habe, eigentlich klar, dass es das ist, was ich gerne mit meinem zukünftigen Hund machen möchte. So kam ich dann auch 2012 zu meinem erster Border Collie Welpe.

Was fasziniert dich an den Trials?

Die große Schwierigkeit, und das macht auch die Faszination für mich aus, ist, dass man als Mensch und Hund jedes Mal ein fremdes Gelände und unbekannte Schafe auf einem Trial bekommt. Man muss sich als Team in Sekundenschnelle auf diese Schafe einstellen können. Dies erfordert eine sehr gute Ausbildung des Hundes. Der Hund muss dabei unter anderem selbstständig Zugpunkte der Schafe ausbalancieren können.

Wir sprechen dabei von Distanzen von bis zu 1.000 Meter Entfernung zwischen mir und meinem Hund. Das alles schafft man nur, wenn der Hund selbstständig mitdenkt. Diese Förderung des instinktiven Verhaltens, im Wechsel mit unbedingtem Gehorsam, falls doch etwas anderes verlangt wird, ist eine der großen Herausforderungen im Trial-Training.

Meine größten Erfolge sind bisher:

— Europameister
— European International Reserve Champion
— Dutch Open Champion
— 5 x Deutscher Meister
— 2 x Deutscher Vizemeister
— 7 x Continental qualifiziert
— 3 x World Trial qualifiziert
— 6 x Team Captain für Deutschland
— Finalist World Trial
— European Nursery Championship 3. Platz
— Über 100 Siege in Open Trials (Deutschland, Polen, Tschechien, Holland, Belgien, Frankreich, Großbritannien)

SERVICE

NÜTZLICHE ADRESSEN

Verband für das Deutsche Hundewesen (VDH) e. V
Westfalendamm 174
44141 Dortmund
www.vdh.de

Arbeitsgemeinschaft Border Collie Deutschland e. V.
Hilchenbacher Str. 9
57250 Netphen
www.abcdev.de

Bordercollies von der Chesnut Ranch
Tanja Köhler
Kurt-Bürger-Str. 33
19258 Besitz
Tel.: (01 76) 830 30 994
www.border-collies-von-der-chestnut-ranch.de

www.kiendogs.de (Hendrik Kienker)

ZUM WEITERLESEN

Baumann, Ina und Thomas
ZOS – Zielobjektsuche. Start, Suche und Anzeige. Kosmos 2016

Fallscheer, Ute
Trainingsbuch Fährtenarbeit. Vom ersten Suchfeld bis zur erfolgreichen Prüfung. Kosmos 2020

Krüger-Degener, Anne
Wenn Hunde uns vertrauen. Missverständnisse vermeiden mit der Hamonilogie. Kosmos 2021

Mück, Matthias
Gerüche anzeigen & erkennen – Geruchsdifferenzierung für Hunde. Kosmos 2022

Rütter, Martin
Hunde beschäftigen mit Martin Rütter. Spiele für jedes Mensch-Hund-Team. Kosmos 2022

Schäfer-Koll, Sandra
Rally Obedience. Grundlagen, Parcours-Pläne, Trainingsspiele. Kosmos 2020

QUELLENNACHWEIS

www.abcdev.de

www.cfbrh.de (Club für britische Hütehunde)

www.fuenftepfote.de

www.martinruetter.com

www.msd-tiergesundheit.de

www.anicura.de

www.parasitenportal.de

www.laboklin.de

REGISTER

BILDNACHWEIS

110 Farbfotos wurden von Anna Auerbach/Kosmos für dieses Buch aufgenommen.

Weitere Farbfotos von Marius Kaiser (S. 104), Hendrik Kienker (S. 116, 117), Tanja Köhler (S. 4/5, 7, 10 oben, 17 rechts, 37, 39 unten, 50, 63, 64 unten, 67, 94, 110, 118/119, 120), Jana Lüerssen / fellmomente.de (S. 17 links, 29, 30, 31,32, 106, 107) und Shutterstock/Kamil Macniak (S. 75).
Die Grafik auf S. 115 erstellte Pia Völker.

IMPRESSUM

Umschlag- und Klappengestaltung von Claudia Adam Graphic Design, Bad Kreuznach, unter Verwendung von Farbfotos von Anna Auerbach/Kosmos.

Mit 136 Farbfotos und einer Farbgrafik.

Gedruckt auf chlorfrei gebleichtem Papier

ISBN 978-3-440-17003-8
Redaktion: Katja Pauls
Gestaltungskonzept: Peter Schmidt Group GmbH, Hamburg
Gestaltung und Satz: Eva Mokhlis, Stuttgart
Produktion: Angela List
Druck und Bindung: Westermann Druck Zwickau GmbH, Zwickau
Printed in Germany / Imprimé en Allemagne

FSC
www.fsc.org
MIX
Papier | Fördert gute Waldnutzung
FSC® C110508

Auszug aus dem Rassestandard
— Border Collie

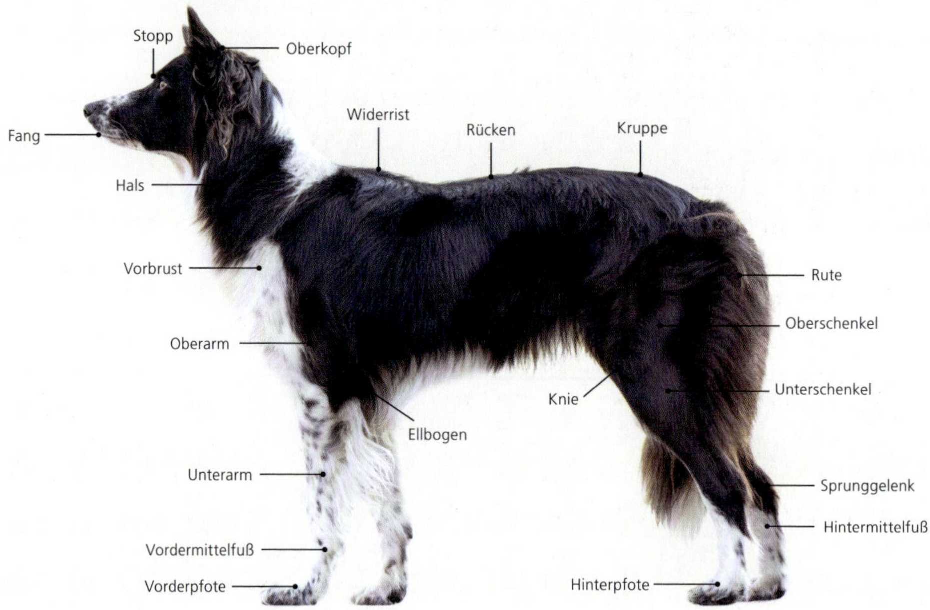

Allgemeines Erscheinungsbild

Die allgemeine Erscheinung soll die eines gut proportionierten Hundes sein, wobei die geschmeidigen Außenlinien Qualität, Anmut und vollkommene Harmonie in Verbindung mit genügend Substanz zeigen, wodurch der Eindruck entsteht, dass der Hund zu ausdauernder Leistung fähig ist. Jegliche Tendenz zur Plumpheit oder Schwäche ist unerwünscht.

Wichtige Proportionen

Oberkopf und Nasenrücken sind ungefähr gleich lang. Die Länge des Körpers übertrifft leicht die Widerristhöhe.

Verhalten/Charakter (Wesen)

Zu harter und ausdauernder Arbeit fähiger Hund von guter Führigkeit; aufgeweckt, aufmerksam, empfänglich, intelligent, weder nervös noch aggressiv.